智能结构

设计、分析与控制

张顺琦　于瀛洁　徐展　编著

上海大学出版社

图书在版编目(CIP)数据

智能结构：设计、分析与控制/张顺琦,于瀛洁,
徐展编著. 一上海：上海大学出版社,2023.12
ISBN 978-7-5671-4920-5

Ⅰ.①智… Ⅱ.①张… ②于… ③徐… Ⅲ.①智能结
构 Ⅳ.①TP18

中国国家版本馆 CIP 数据核字(2024)第 000164 号

责任编辑 黄晓彦 赵 宇
封面设计 缪炎栩
技术编辑 金 鑫 钱宇坤

智能结构：设计、分析与控制
张顺琦 于瀛洁 徐展 编著
上海大学出版社出版发行
(上海市上大路 99 号 邮政编码 200444)
(http://www.shupress.cn 发行热线 021—66135112)
出版人：戴骏豪
*
江苏句容排印厂印刷 各地新华书店经销
开本 710mm×1000mm 1/16 印张 11.5 字数 219 000
2024 年 1 月第 1 版 2024 年 1 月第 1 次印刷
ISBN 978-7-5671-4920-5/TP·86 定价：58.00 元

序　言

在承载结构中加入传感器是智能结构的前身,例如将光纤嵌入碳纤维增强复合材料中,可以使得结构具有感知应力和断裂损伤的能力。再将致动功能加入到结构中,结构就具备了感知和致动的双重能力。20世纪90年代后,智能结构的研究得到了飞速发展,各种各样的智能结构和技术在众多行业,特别是在航空航天领域得到了实践。我国对智能结构的研究起步于90年代初,1993年起,国家自然科学基金委员会与航空部设立了多个智能结构的科研项目。2020年2月,哈尔滨工业大学设立了国内第一个"智能材料与结构"本科专业。自此,我国开始全面开展智能结构的研究和人才培养工作。

智能结构不仅具有承载功能,还具备传感、致动、控制和信息处理能力。近年来,人工智能和机器学习的飞跃发展更给智能结构的发展注入了澎湃动力。智能结构涉及机械、材料、控制和信息处理,是一个多学科交叉融合的方向。目前,国内缺乏从设计、分析和控制三个维度系统介绍智能结构基础的本科生教材,国际上也未有系统介绍智能结构的图书。张顺琦教授在德国亚琛工业大学读博期间就开始从事智能结构建模与控制方面的研究,至今已有十多年,拥有丰富的理论知识和研究成果。回国后,张顺琦教授先后在西北工业大学和上海大学开设"智能结构"本科生专业课程,积累了丰富的教学经验。该书的出版能够很好地填补智能结构相关专业课程教材的空白。

作者一是从智能材料的工作原理入手,分析了压电材料、形状记忆材料、磁致伸缩材料等工作机理;二是介绍了智能结构的基本形式,即为智能结构的应用提供基础的传感与致动模块;三是阐述了智能结构的仿真计算,以压电智能壁板结构为例,介绍了板壳有限元的建模方法;四是讲解了智能结构的主动振动控制理论与方法,为结构的减振降噪应用提供控制基础;最后列举了智能结构在航空、航天、汽车、医学等领域的应用案例。该书循序渐进地从智能材料工作原理到智能结构设计、计算、控制和应用展开论述,层次分明、内容丰富、逻辑清晰,非常适合作为机械、控制、材料等专业的智能材料及智能结构相关课程的教材,供高年级本科生或低年级研究生参考使用。

张统一院士

上海大学材料基因组工程研究院

2024年1月1日

前　言

传统机械结构一旦制成产品,就不可能在其使用过程中对其性能实施动态调整,只能被动地受到环境的影响。为使结构更加智能化,20 世纪 50 年代首次提出自适应结构——智能结构的雏形。随着智能材料的发展,以及产品对结构性能的要求越来越高,具有传感和控制的智能结构受到众多学者的关注,并涌现出许多新型的智能结构。智能结构涉及机械、力学、控制、电子信息等多学科交叉。当前研究的智能结构大多数属于主动结构,离真正意义上的智能结构还有差距。智能结构具有优良的多物理场和闭环控制特性,是未来航空、航天、汽车等领域先进结构发展的趋势。近年来,智能结构越来越受到重视,高等院校开始设置"智能材料与结构"本科专业。本书汇总智能结构相关理论与前沿技术,对航空、航天先进结构的教学具有重要参考意义。

自 2010 年,本书主编在德国亚琛工业大学攻读博士学位以来,一直从事智能结构相关的研究工作,积累了丰富的研究成果。2015 年回国后,先后在西北工业大学和上海大学开设"智能结构"本科生和研究生课程,拥有良好的教学实践经验。本书根据近十几年的研究成果与教学思考汇总而成。作者所带领的上海大学"智能结构与控制"研究团队对本书的形成付出了辛勤的汗水,贡献了诸多的研究成果:高英山、赵亚飞、刘涛、黄钟童、刑宇轩、陈倩等对智能结构的多物理场耦合建模进行研究;颉子玉、汪进超、张晓宇等对智能结构主动控制方面进行研究。作者对他们的付出表示衷心感谢。

本书围绕智能结构设计、分析与控制展开讨论,共 6 章,各章自成体系。全书由张顺琦、于瀛洁、徐展编著,张顺琦统稿。在前期章节素材的准备过程中,课题组研究生高英山、赵亚飞、颉子玉、唐阳等参与搜集与整理。本书包含了编者团队的研究成果外,还参考了国内外许多专家学者的成果,均已标注出处。此外,本书的部分内容受到了国家自然科学基金委(项目编号 11972020、11602193)、国家留学基金委的资助,在此一并表示感谢。最后,特别感谢家人对本书写作的支持和帮助,没有他们的支持难以顺利成稿。

由于作者水平有限,书中内容难免存在疏漏和不足之处,敬请读者批评指正。

张顺琦

2023 年 9 月 1 日于上海大学

目　　录

第1章　智能材料与结构概述

1.1　为什么需要智能结构

在航空航天领域中,如大飞机、卫星、航天飞船等,由于轻量化设计的需要,许多重要的构件都采用薄壁结构。薄壁结构是一类包含薄板、薄壳和细长杆的结构的统称,以较轻的重量和较少的材料承受较大的载荷,如飞机的机身和尾翼、卫星的太阳能帆板等,汽车、轨道交通工具的车身和身体等,鸟巢等悬索体育场馆、大型桥梁等,如图1.1所示。这类结构大都由梁、板、壳组成。

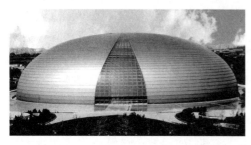

图 1.1　梁、板、壳构成的薄壁结构

薄壁结构具有弱刚性的特点,易于变形,且容易发生振动,从而造成结构疲劳损伤,最终使结构或系统发生故障,甚至引发灾难性事件。美国华盛顿州的塔科马海峡大桥于1938年开始修建,耗时两年建成,1940年7月1日通车。桥长1 810米、宽12米,当时为仅次于金门大桥和乔治·华盛顿大桥的世界第三大悬索桥,仅投资就高达 640 万美元,可以说是举世瞩目、重金打造的项目。然而让人意想不到的是,它的命运竟与泰坦尼克号一样,在建成后的第四个月,即 1940 年 11 月 7 日,大桥就发生了坍塌事故。科学家在详细考察后对此给出了解释:桥梁设计没有充分考虑空气动力学原理。在一定的风速范围内,风穿过大桥,气流会产生两束平行的反向漩涡,这些漩涡会产生周期性作用力。此作用力产生的振动和大桥的固有振动在一定条件下会发生共振,且两者振动的频率越接近,造成的应力也会越大,最终桥梁结构像麻花一样彻底扭曲而损毁,如图 1.2 所示。

图 1.2 塔科马海峡大桥坍塌

1981 年 8 月 22 日,中国台湾远东航空公司一架波音 737 - 200 型飞机坠落于台湾省苗栗县三义乡,机上 110 人全部遇难。失事原因是飞机机身下部存在大量未被探明的腐蚀性结构,其中许多位置出现了晶间腐蚀和蒙皮变薄脱落性腐蚀,以及由腐蚀引起的大量穿透性凹坑、小孔和裂缝,最终导致结构失效而解体。

美国国家航空航天局(NASA)的太阳神(Helios)无人机,机翼翼展 72.29 米,主要由复合材料制成,如图 1.3 所示。2003 年 6 月 26 日,该无人机在空中飞行 36 分钟后,突然遭遇强湍流,造成两个翼端向上弯曲,使得整个机翼出现了严重的俯仰振荡,并超出了飞机结构的扭曲极限,最终空中解体。NASA 飞行研究中心为此开发了一种基于光纤布拉格光栅(Fiber Bragg Grating,FBG)的实时应变监测技术。

2014 年,我国南方航空公司 CZ3739 航班飞机引擎在空中着火,事后调查结果显示,故障发生于发动机进口处,压气机风扇的叶片有断裂。发动机失效最有可能

图 1.3 太阳神无人机解体

的原因是叶片断裂后进入发动机内,破坏了发动机进气流场,导致后者发生"畸变",进而形成"喘振"。

我们设想一下:

如果桥梁结构能自我诊断并采取措施,当结构发生振动时能及时抑制并报警,或许就可以避免塔科马海峡大桥因共振导致的坍塌,挽回千亿美元的损失。

如果空中飞行的飞机能自我诊断损伤状态并自行修复,就可以避免很多空难的发生,挽回许多旅客的性命。

如果飞机的机翼可以像小鸟的翅膀一样连续调整,就可以获得更好的空气动力学特性,提升飞机的机动性和燃油经济性。

如果我们居住的房子的窗户玻璃能根据环境光强度的变化而自行改变透光率,使室内的光线变暗或变亮,就可以提升室内居住的舒适感。

如果室内墙纸可以变化颜色以适应不同的环境,人们的生活就可以变得更加惬意。

传统结构以被动方式为主,通过结构的机械性能保证结构的功能,满足承载功能需求。显然这种方式无法满足结构自诊断、自修复和自适应的要求。随着智能材料的发展,在薄壁结构中埋入或嵌入智能材料,赋予结构智能化,从而使结构不仅具有承载功能,还具有诊断、修复、控制等功能。

此外,一个没有智能特性的结构,再好的控制方法或人工智能算法也将无从应用。我们将具有"智能"的材料称为智能材料,将具有"智能"的结构称为智能结构。

1.2 智能结构的定义

智能结构发展至今,很多学者给出了各种定义。其中 Wada 等[1]将结构定义成四个层次,给出了比较全面的定义,如图 1.4 所示。

第一层次:传感结构(Sensory Structures)与自适应结构(Adaptive Struc-

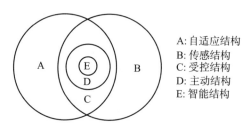

图 1.4　智能结构四个层次

tures)。这两类是最基本的初型智能结构。传感结构是一种拥有传感元件的结构,可以监测系统的状态或特性,主要用于结构的监测与故障诊断。自适应结构是一种包含致动元件的结构,通过控制手段可以改变系统状态或特性。

第二层次:受控结构(Controlled Structures)。它是传感结构与自适应结构的交叉部分,既有传感结构的属性,又有自适应结构的属性。受控结构是一种包含传感和致动元件的结构,通过反馈控制结构状态或特性。

第三层次:主动结构(Active Structures)。它同时也是一种受控结构,与第二层次的受控结构区别在于,它不仅具有传感和控制功能,而且具有结构承载功能,把传感和致动元件高度集成在结构中。

第四层次:智能结构(Intelligent Structures 或 Smart Structures)。它是结构的最高形式,将传感、致动、控制、信息处理和人工智能等环节与主体结构融合在一起,具有感知、智能逻辑判断与响应内外环境变化的能力,实现结构的自检测、自诊断、自校正、自适应、自修复等功能。

目前,绝大多数文献所称的智能结构都停留在第三层次,即主动结构。真正意义上的智能结构还没有实现。然而,随着科技的发展,在不久的将来会研制出实际可用的智能结构。相比于传统机械结构,智能结构的特点在于:①智能结构由主体承载结构、传感器、致动器高度集成;②智能结构具有反馈回路;③智能结构还包含控制逻辑与电子器件。

1.2.1　智能材料与结构的研究线路

智能材料与结构有两条研究线路。一是美国学者提出的将传感器、处理器和致动器埋入结构中,通过高度集成制造智能结构。智能结构是材料工程、力学、自动控制、信息科学和机械工程等学科相互交叉、渗透与融合的结果。它将传感元件、驱动元件和控制系统集成在基体材料中,具有感知外界或内部状态与特性变化,并能根据变化的具体特征对引起变化的原因进行辨识,从而采取相应的最优控制策略并作出合理响应。具体地说,该结构具有检测(应变、损伤、温度、压力及各种制导光源)、通信(数据传输)、动作(改变结构外形和结构应力分布、改变电磁场及光学反射、数字选择)等功能。另一是日本学者提出的将上述智能结构中的传感器、处理器和致动器与结构的宏观结合转变为在原子、分子层次上的微观"组装"，从而得到更为均匀的物质材料。这一线路目前还处于基础理论研究阶段。

随着科学技术的发展和需要，智能材料与结构的诞生主要有三个方面的原因。

一是复合材料的普遍使用迫切需要解决其强度和刚度诊断问题，将驱动和传感材料融入主体结构材料，组成整体，从而具有人们期望的多种功能。同时，驱动和传感材料的发展以及材料集成技术上的突破，也使得智能结构的出现成为可能。

二是对材料的机械、电子、化学、物理、热等多方面的耦合技术探索取得进展。以往对结构材料仅研究它的机械性能，对电学材料感兴趣的是电学性能，对致动材料仅注意它的激励方法和驱动性能。随着材料科学的发展，人们开始注重对机械、电子、致动等材料的多方面性能的耦合开展研究。

三是微电子技术、总线技术及计算机技术的飞速发展，解决了信息处理和快速控制方面的难题，为智能结构的智能化提供了条件。

1.2.2 智能结构的形式

智能结构的形式概括为两大类，以梁、板、壳为代表的分布式结构(见图1.5)和以桁架为代表的离散式结构(见图1.6)。

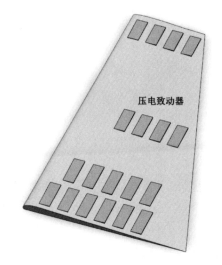
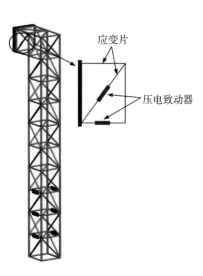

图 1.5　分布式结构　　　　　图 1.6　离散式结构

在分布式智能结构中，传感器和致动器通常由不同的功能材料(如压电片、形状记忆合金等)实现，这些材料粘贴于主体结构表面或嵌埋入结构内部，从硬件上有机地与主体结构集成在一起。这些具有不同功能的材料在结构中起致动和传感作用,一般各自配备不同信号处理和驱动电路。智能梁振动控制是智能结构主动控制中的一个重要方面。麻省理工学院 Bailey 等于 1985 年将压电薄膜贴于梁上,用于梁的振动控制,并在梁结构的上下表面粘贴多组压电片作为致动器,配以适当的驱动电路提供致动力。用于传感器的压电片也可以用同样的方式粘贴,连接信号放大电路。粘贴式简便易行,但由于存在必要的胶接层,使得结构表面含有发脆的成分。嵌入式是将功能材料直接埋入结构内部,可增加功能元件与结构层之间的载荷传递能力和可靠性,克服粘贴式存在的问题。然而嵌入式增加了结构设计和制造工艺的复杂程度,包括处理电绝缘、压电片(压电纤维)的制造及导线引入技术等。

桁架结构是一种由杆件在彼此两端用铰链连接而成的结构。桁架由直杆组成,一般具有三角形单元的平面或空间结构。桁架杆件主要承受轴向拉力或压力,从而能充分利用材料的强度,在跨度较大时,可比实腹梁节省材料、减轻自重和增大刚度。对于离散式智能桁架结构,传感和致动元件是以堆叠的方式集成于主动构件中。主动构件采用智能材料,是一种同时具有致动和传感功能的一体化结构。智能桁架结构是一种将主动构件配置在桁架结构的若干个关键部位,或直接取代原结构的某些被动构件。利用主动构件作为结构自身的控制源,根据结构的动态响应和控制要求,自适应地改变结构的动态性能,实现结构特性的自调节功能,以增强结构适应外界环境变化的能力。智能桁架结构的关键硬件是主动构件,它是结构自身的一个重要组成部件,不仅具有传感和致动功能,还有一定的结构承载功能。

1.3　智能结构的发展

近十年来,随着科学技术,特别是航空、航天技术的飞速发展,人们对材料与结构的需求越来越高。人们发现,传统机械结构一旦被制成产品,就不可能在使用过程中对其性能实施动态调整,并且传统结构只能被动地受环境的影响,很难针对环境的变化作出适应性的响应。

早在 20 世纪 50 年代,人们就针对这些不足提出了智能结构的概念,当时把它称作为自适应系统(Adaptive System)。在后来的发展过程中,人们越来越意识到智能结构的实现离不开智能材料的研究和发展。

20 世纪 70 年代,美国弗吉尼亚理工学院暨州立大学的 Claus 等将光纤埋入碳纤维增强复合材料中,使其具有感知应力和断裂损伤的能力。这是智能材料的首次应用,当时这种材料被称为自适应材料。

智能结构是 20 世纪 80 年代中期由美国军方率先提出并研究的。各工业发达国家,尤其是他们的军方和航空界对此十分重视。例如美国开展了 B-1 型飞机后机身壁板结构的主动振动控制研究(见图 1.7),随后对 F/A-18 飞机垂直尾翼颤振抑制问题也开展了研究(见图 1.8)。

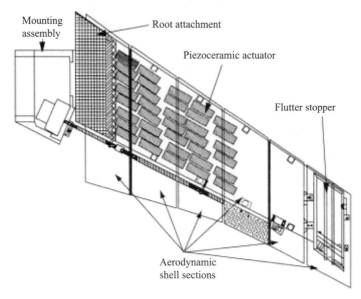

图 1.7 B-1 型飞机壁板结构的主动振动控制[2]

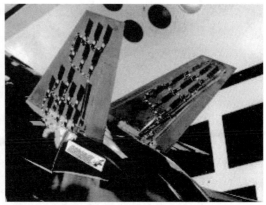

图 1.8 F/A-18 飞机垂直尾翼颤振抑制[3]

1984 年,美国陆军科研局赞助了旋翼飞行器技术的研究,要求研制出能自适应减小旋翼叶片振动和扭曲的结构,揭开了智能材料与结构应用研究的序幕。随后,在美国国防部 FY92-FY96 计划的支持下,美国陆军科研局对智能材料研究给予了更大的资助,支持更广泛的研究,重点研究旋翼飞行器和地面运输装置的结构部件振动、损伤检测控制和自修复等课题。

1985 年起,美国政府提出了开展智能结构的研究计划,要求航天器具有自适应性并且延长结构疲劳寿命,实现结构主动振动控制、形状控制、空间站对接和停泊等。1987 年,美国空军将智能结构的研究列入重点资助目录。

1988 年 4 月 28 日,波音 737 客机在美国发生灾难性断裂事故。美国国会意识到,为避免服役中的飞机发生类似的事故,飞机应具有自我诊断和及时预报系统,随后并通过议案,要求三年内完成 Smart 飞机概念设计。之后,美国各大学和航空航天机构、研究所均大量开展智能材料与结构的研究工作。

继美国之后,日本、英国、德国、澳大利亚和韩国等相继投入人力、物力、财力开展智能材料与结构的研究工作,并创办了《智能材料系统与结构》《机敏材料与结构》等学术期刊。日本宇航局(NASDA)和宇航研究院(SAS)也很早就开始了有关研究计划,研究大型空间结构的形状控制问题。日本通产省工业技术研究院把智能结构系统列入 1995 年开始实施的基础科学先导研究的七大项目之一。欧洲智能材料和结构的研究以德、英、法、意为主。欧洲工业基础研究中心(BRITE)成立了专门机构对此进行研究。

1989—1991 年,英、法、意三国的七家公司在欧共体的支持下完成了欧洲这一领域第一个合作研究计划"复合材料光学传感计划(OSIFIC)"。20 世纪 90 年代初,英国成立了欧洲这一领域的首家专门研究机构——斯特拉斯立德大学智能材料与结构研究所。德国宇航研究院是欧洲从事这一研究的主要机构,它将植入光纤的自诊断智能结构用于可重复使用运载器的损伤探测和评估中,还对"未来欧洲航天运输系统计划"进行了研究。欧洲各国对飞机的健康监测、直升机主动减振、空间结构的自适应形状控制和阻尼减振、汽车的自适应消声和减振都开展了研究。

虽然我国在智能结构及其系统的研究方面尚处于起步阶段,但是已经呈现出"百花齐放、百家争鸣"欣欣向荣的局面。我国于 1991 年开始这方面的研究工作。1993 年起,国家自然科学基金委员会与航空部设立了多个智能结构的科研项目。

南京航空航天大学智能材料与结构航空科技重点实验室是我国第一个专门从事航空航天智能材料与结构研究的省部级重点实验室。前身是中国科学院院士、智能材料与结构专家陶宝祺教授于 1991 年创建的智能材料与结构研究所。1997 年获批为智能材料与结构航空科技重点实验室,2006 年加入飞行器结构力学与控制教育部重点实验室,成为 2011 年获批的机械结构力学及控制国家重点实验室的重要组成部分。

上海交通大学智能结构与先进材料研究中心是依托上海交通大学设计研究总院成立的产学研一体化平台和创新科研载体。中心立足上海、面向海内外,致力智能结构和先进材料的研究、发展和应用。涉及高新(高性能和创新)材料的发展和

陶宝祺(1935—2001),结构测试专家、航空教育家,中国科学院院士,南京航空航天大学教授、博士生导师,智能材料与结构航空科技重点实验室主任。长期从事智能材料结构、测试技术和力学的科研与教学工作,是中国航空智能材料与结构研究的开拓者之一。

在工程领域中的创新应用,智能器件的发展和应用,结构设计分析和模拟,微、纳米结构表征,材料和结构实验测试,智能结构健康监测技术,先进计算方法和结构模拟等。

哈尔滨工业大学面向智能制造领域,针对智能材料与结构的新需求,设立了我国首个"智能材料与结构"本科专业。此外,哈尔滨工业大学智能材料与结构研究中心(CSMS)是一个多学科的研究中心,由复合材料与结构研究所、航天科学与力学系和材料科学学院的研究人员组成,主要任务是推动先进智能材料与结构的独立研究。CSMS致力多个领域的研究并取得了卓越成就,包括智能材料与结构、传感器与致动器、形状记忆聚合物、电活性聚合物、光纤传感器和询问系统、结构健康监测、主动振动控制、多功能纳米复合材料、静电纺丝纳米纤维、负泊松比复合材料、多稳定结构、可展开结构、基于光纤的光子器件和微波光子。

中国科学技术大学智能材料和振动控制实验室筹建于20世纪90年代,在2006年9月重组后,正式更名为"智能材料和振动控制实验室"。实验室在发展过程中,拥有了雄厚的软硬件支持,逐步扩大了学科的覆盖范围,形成了力学、机械、物理、化学、材料学、自动控制等多学科交叉的科学研究和人才培养体系。研究方向包括智能材料和功能材料的制备、机理和应用研究,微机电系统的研究开发,振动控制,纳米颗粒在复杂流场中的运动等。

1.4 材料的发展

每一种材料的革新都是人类进步的里程碑,是各个历史时期技术革命的重要支柱,甚至成为时代的标志。历史的发展表明,每一种新材料的诞生往往会推动社会发生巨大变革。随着社会经济的高速发展和高新技术的广泛应用,如航空技术的飞速发展,人们对材料应用范围、使用条件复杂性和安全可靠性提出了越来越高的要求。在人类文明进程中,材料的发展大致经历了以下几个阶段。

（1）石器时代

人类最早以天然材料作为工具，这些材料包括纤维、皮、骨骼、角以及石头和矿石。在旧石器时代，人类通过摩擦矿石和燧石产生火星，用来点燃易燃材料。随着人类开始食用煮熟食物，需要烧水和煮烹的器具，于是促进了陶瓷的发展，将柔软的黏土制成石头一样坚硬的材料。在中石器和新石器时代，人们开始用不同的材料去装饰陶器和窑洞；采用木头、石头制成各种工具去耕地、收割谷物及碾磨谷粉；并用纤维、亚麻、芦苇和动物毛发织成各种布。在新石器时代后期，由于对书写的要求，人们开始利用太阳的热量晒干黏土片，在其上书写文字。高温窑的发明促进了金属的冶炼，出现了青铜器和铁器。

（2）青铜器时代

青铜器时代从公元前 3500 年到公元前 1000 年。青铜由铜和锡组成，是人类最早发明的合金。这个时代的工具和武器是用青铜制成，反映了人们能够利用铸造技术生产工具和武器。这个时代的典型手工艺品是杯、缸、装饰品、盔、剑和盾。科学的进步使矿石烧制的温度不断提高，从炼铜需要的 900 ℃，提高到了炼铁需要的 1 500 ℃，进入了铁器时代。

（3）铁器时代

铁器时代起源于公元前 1500 年的亚洲某些地区。铁比铜坚硬，来源又丰富。铁器时代的早期，科学家阿基米德等发明了多种机械设备，如滑轮、杠杆、液压机和螺旋切割机等，促进了铁器时代的发展。中国人很早就发现了天然磁铁，发明了指南针，并在世界各国航海中广泛应用，促进了世界贸易的发展。在 18 世纪出现钢以前，铁一直是人类社会生产中的主要工具材料。钢和铁的应用也促进了英国的工业革命。

（4）合成材料

青铜、铁、钢等都是应用天然材料制成的，成本高且原料受区域限制，因此合成材料就应运而生了。1860 年在实验室中发明了赛璐珞、假象牙；1908 年发明了合成玻璃纸；1909 年发明了酚醛塑料。合成材料的发展越来越受到重视，塑料工业也迅速发展起来。由于构成合成材料的主要元素为碳、氢、氧和氮，它们可以从煤、石灰石、石油和水中得到，构造一些微结构，就能得到符合需要的合成材料，可以做成硬的、软的、防水的、透明的、耐腐蚀的和隔热的各种产品。

由于合成材料具有可塑性和可裁性，而且易于流水线加工，已在工业中被广泛代替金属，如汽车外壳、电器外壳、包装件、医疗器械和人工器官等。其中，纤维复合材料尤其引人注目，它是由纤维和基体等两种或两种以上单元材料结合而成。新一代复合材料具有重量轻、强度高、耐腐蚀等特点。航空工业采用碳纤维、高强度玻璃纤维、陶瓷纤维等作为增强材料，获得了高强度、高硬度及耐高温的复合材料,已在飞机重要受力构件上得到应用。目前已出现了全复合材料飞机和直升机。在汽车工业中也大量采用聚合物基复合材料,制成汽车外壳及各种零件。它们外形美观,并且可大大减轻汽车重量,节省大量开支。先进的复合材料还在各种工业机械、运动器具、自行车中被大量采用。

1.5　智能材料的发展

1.5.1　智能材料概述

智能材料概念首先由美国和日本科学家提出。1989 年,日本高木俊宜教授将信息科学融于材料的特性和功能,提出智能材料(Intelligent Material)的概念,它是指对环境具有可感知、可响应等功能的新材料。美国的 R. E. Newnham 教授提出了灵巧材料(Smart Material)的概念,这种材料具有传感和执行功能,并将其分为三类:第一类是指能响应外界变化的材料,称为被动灵巧材料;第二类是能识别外界变化,并可经执行线路进行反馈,从而作出响应的材料,称为主动灵巧材料;第三类是能够感知变化,具有执行功能,能够自动响应环境变化,并且改变性能系数的材料,称为智能材料。R. E. Newnham 教授提出的智能材料是一种理想化、高智能化的材料,但现有科技能够达到此类程度的材料仍然不多。

智能材料定义为一种材料在外界物理场,如电场、磁场或热场等作用下,其机械状态(如应变、位移或速度等)或材料特性(如刚度、阻尼或黏弹性)之间可以进行转换。

智能材料可以从不同的角度进行分类,按照材料的组成可分为金属系智能材料、无机非金属系智能材料和高分子系智能材料三种类型。金属系智能材料主要有形状记忆合金、磁致伸缩材料等。无机非金属系智能材料主要有压电陶瓷、电致伸缩陶瓷、电(磁)流变体、光致变色和电致变色材料等。高分子系智能材料由人工合成,品种多、范围广,所形成的智能材料也极其广泛,主要有形状记忆高分子、智能凝胶、压电高分子等。

按照智能材料的自感知、自执行和自判断角度来划分,可分为自感知(传感器)智能材料、自执行(驱动器)智能材料、自判断(信息处理器)智能材料三种。自感知智能材料包括压电材料、电阻应变片、光导纤维等;自执行智能材料包括压电材料、伸缩性陶瓷、形状记忆合金、电流变液、磁流变液等;自判断智能材料可以用信息材料通过微电子技术制得,如硅、砷化镓等。

按照智能材料的智能特性来划分,可分为可以改变材料特性(如力学、光学、机械等)的智能材料,可以改变材料组分与结构的智能材料,可以监测自身健康状况的智能材料,可以自我调节的智能生物材料(如人造器官、药物释放系统等),可以改变材料功能的智能材料等。

按照智能材料的功能特性来划分,可分为对外界或内部的刺激强度,如应力、应变及物理、化学、光、热、电、磁、辐射等作用具有感知功能的材料(感知材料)和能对外界环境条件或内部状态发生变化时作出响应或驱动的材料(智能驱动材料)。感知材料主要有压电高分子材料、形状记忆合金、压电陶瓷、光导纤维等。

1.5.2 智能材料的发展历程

1842 年,詹姆斯·焦耳(James Joule)首次发现了磁致伸缩现象。这是与铁磁材料相关联的现象,指的是铁磁材料在被磁化时,发生由内部原子磁矩的重新定向导致的变形,也称为焦耳效应。1865 年,维拉里(E. Villari)又发现了磁致伸缩的逆效应,即铁磁体发生变形或受到外力作用,会引起材料的磁化状态发生变化。

詹姆斯·焦耳(James Joule,1818—1889),生于英国索尔福德(Salford),提出了能量守恒理论(热力学第一定律)。1840年,提出了焦耳的电加热定律。1842 年,在铁条上发现了铁磁性。

1880 年,法国居里兄弟(Pierre Curie 和 Paul-Jacques Curie)首先发现一些晶体在受到特定方向的压力时,其表面的特定位置会产生电荷,并与压力成比例,而在去除压力后电荷消失。此外,如果将压力变成拉力,所产生的电荷也会改变符号。这种效应后来被称为压电效应。1881 年,Lippmann 采用热动力学理论从数学上证明了压电逆效应。同年,居里兄弟又通过石英晶体压电实验验证了逆压电效应的存在,他们根据晶体的特定方向将石英晶体切割成平板,并用锡箔作为电极黏结表面。某些电介质在沿一定方向上受到外力的作用而变形时,其内部会产生极化现象,同时在两个相对表面上出现正负相反的电荷;而当外力去掉后,又会恢复到不带电的状态,这种现象称为正压电效应。当作用力的方向改变时,电荷的极性也随之改变;相反,当在电介质的极化方向上施加电场,这些电介质也会发生变形,去掉电场后,电介质的变形随之消失,这种现象称为逆压电效应。

1932 年,瑞典人 Arne Ölander 在金镉合金中发现了形状记忆效应。1938 年,

皮埃尔·居里(Pierre Curie, 1859—1906),巴黎人,索邦大学物理学教授,是晶体学、磁性和放射学领域的先驱。他和他的兄弟雅克一起,于1880年发现压电正效应,于1881年发现压电逆效应。

保罗·雅克·居里(Paul-Jacques Curie, 1856—1941),巴黎人,蒙彼利埃大学物理学教授。他和他的兄弟皮埃尔一起,于1880年发现压电正效应,于1881年发现压电逆效应。

Greninger 和 Moordian 在变化的温度下观察到了铜锌合金中马氏体相的形成和消失。形状记忆效应是指发生马氏体相变的合金形变后,被加热到一定温度以上,低温的马氏体逆变为高温母相而恢复到形变前的固有形状,或在随后的冷却过程中通过内部弹性能的释放又返回马氏体形状的现象。

1939年,美国学者 Willis M. Winslow 开始研究电流变技术并且做了大量的实验。电流变液是一种悬浮体,其基本组成为高介电常数的固体微粒和低介电常数的绝缘液体。电流变液从20世纪40年代由 Winslow 成功配制以来经历了几个时期的发展。最初 Winslow 把淀粉、面粉、石灰、明胶和炭黑等物质分散于矿物油、橄榄油或变压器油中组成电流变液。此时的电流变液不包含水,需要潮湿的空气保持其湿润。Winslow 于1947年获得首项专利。

我国的相关研究工作首先由北京理工大学的魏宸官教授开展,他将电流变效应应用于车辆传动等领域,取得了重要的应用理论及应用成果,奠定了中国电流变研究的基础。在国家自然科学基金、国防预研基金以及兵器工业总公司基金等多方面的资助下,国内的许多科研机构,如复旦大学、哈尔滨工业大学、清华大学、国防科技大学、中科院物理所等,投入了大量的人力物力开展电流变的研究工作,取得了丰硕的成果,使国内电流变研究跻身于国际先进水平。

1946年,美国麻省理工学院绝缘研究室做了一个试验,在钛酸钡铁电陶瓷上

威利斯·温斯洛（Willis M. Winslow），1904 年出生于美国科罗拉多州的小麦里奇（Wheat Ridge）。1942 年发现了电流变效应，1947 年获得了他的第一项专利。

魏宸官，1933 年出生，常州人。北京理工大学教授、博士生导师。曾获国家科学技术进步一等奖、二等奖，国家技术开发优秀成果金质奖，军转民高技术出口产品金奖，国家中青年有突出贡献专家的称号，享受政府特殊津贴。

施加直流高压电场，发现其自发极化会沿着电场方向择优取向，除去电场后仍能保持一定的剩余极化，从而使这种物质具有了压电效应，压电陶瓷就这样诞生了。

1948 年，美国国家标准局的 Jacob Rabinow 配制出磁流变液并将其应用于离合器装置中，这是现在普遍公认的最早关于磁流变液的研究。磁流变液的剪切屈服应力比电流变液大一个数量级，且磁流变液具有良好的动力学和温度稳定性。此外，磁流变液避免了电流变液存在的高压危险，因而近年来受到了广泛关注。

雅各布·拉比诺（Jacob Rabinow，1910—1999），生于乌克兰哈尔科夫，1919 年移居中国，两年后移居美国，1948 年发现磁流变效应。

1948 年，日本的石田正雄发现了形状记忆聚合物（Shape Memory Polymer，SMP），又称为形状记忆高分子，是指具有初始形状的制品在一定的条件下改变其初始条件并固定后，通过外界条件（如热、电、光、化学感应等）的刺激又可恢复其初始形状的高分子材料。形状记忆材料最早是 Chang 及 Read 等人在 1952 年提出的，当金镉（Au-Cd）合金的形状被改变后，一旦加热到一定温度，又可以魔术般地变回到原来的形状。

1962 年，美国海军的 William J. Buehler 和其同事从仓库领来一些镍钛合金丝做试验，发现这些合金丝弯弯曲曲，使用起来很不方便，于是就把它们一根根拉直。之后，奇怪的现象发生了，当温度升到一定的数值时，这些已经拉直的镍钛合金丝突然又恢复到原来的弯曲状态。这一现象引起了他们的兴趣，于是反复做了试验，结果证实了这些细丝确实具有这种回弹的"记忆"功能。1965 年，Buehler 和Wiley 获得了镍钛合金专利。

威廉·布勒（William J. Buehler），1923 年出生于美国密歇根州底特律。1962 年，与位于马里兰州怀特奥克的海军武器实验室的同事们一起发明了镍钛合金。

大约在 1963—1964 年间，稀土金属镝和铽等被发现在低温下表现出巨大的磁致伸缩效应，但是这种极低温的限制阻碍了它们的广泛应用。在此期间，美国海军通过开发在室温下具有强磁致伸缩性的新型磁致伸缩材料来增强声呐技术。1971年，美国海军武器实验室的 Arthur E. Clark 和 Belson 以及海军研究实验室的Koon、Schindler 和 Carter 发明了一种在室温下有巨大磁致伸缩效应的稀土金属合金，现在称为铽镝铁合金（Terfenol-D）。20 世纪 80 年代，铽镝铁合金通过ETREMA 公司在市场上出售。

1978 年，Arthur E. Clark 及其同事又成功研制出另一种强磁致伸缩材料，由铁、镍、钴、硅、硼、磷构成的非晶态金属合金。这种合金在商业上被称为金属玻璃，通常以薄带状生产。这种材料具有极高的耦合系数，是传感器应用的首选材料。

20 世纪 80 年代初期，英国学者 Stangroom 等人开发出了腐蚀性小、具有亲水性的聚电解质多孔微粒组成的第二代电流变液。该液体在流变性能及工作稳定性

亚瑟·克拉克(Arthur E. Clark)与其同事于 20 世纪 70 年代在美国海军武器实验室发明了铽镝铁。他们的小组还于 1978 年发明了金属玻璃,并于 1998 年发明了铁镓合金。

上越来越接近实用要求,为电流变效应在工程上的应用带来了希望。几年后,英国学者 Block Kelly 以及美国学者 Filisco Armsyron 先后开发出基本无水的电流变液,克服了水作为活化剂的缺点,大大提高了电流变液的应用范围。1989 年,在第二届国际电流变液体学术会议上,大家一致通过把电流变效应称作 Winslow 效应,也就是说,与会学者公认 Winslow 为电流变技术创始人。随后,英国、日本、苏联以及很多国家都开展了电流变技术的研究工作,各国学者从各自的专业方向入手,极大地丰富了有关电流变技术的内容和知识,为电流变技术的形成和发展作出了巨大的贡献。

思考题

1. 什么是智能结构,其特点是什么?
2. 什么是智能材料?
3. 智能结构的四个层次分别指什么?
4. 智能材料与结构的两条研究路线是什么?
5. 智能结构的两种主要形式是什么?

参考文献

[1] Wada B K, Fanson J L, Crawley E F. Adaptive structures [J]. Journal of Intelligent Material Systems and Structures, 1990, 1: 157—174.

[2] McGowan A M, Heeg J, Lake R. Results of wind-tunnel testing from the piezoelectric aerostatic response tailoring investigation [C]// 37th Structure, Structural Dynamics & Materials Conference, 1996, 51(11): 1143—1147.

[3] Moses R W. Contributions to active buffeting alleviation programs by the NASA Langley Research Center [C]// 40th Structures, Structural Dynamics & Materials Conference & Exhibit, 1999.

第 2 章　典型智能材料

2.1　压电材料

压电陶瓷从发现至今已有一百多年历史,压电聚合物也有 40 年发展历程。压电材料因其具有良好的压电效应、容易制造等优点,在智能结构中得到广泛应用,并引起了广大研究人员的关注,被越来越多地应用在传感器和致动器等方面。

2.1.1　压电材料的发展历程

法国居里兄弟于 1880 年在电气石中首次发现压电效应。在 1881 年,Lippmann 采用热动力学理论从数学上证明了压电逆效应的存在。同年,居里兄弟又通过石英晶体压电实验验证了逆压电效应的存在。

从开始发现压电效应至第一次世界大战,压电材料只存在实验研究中,没有太大的实际应用。第一次世界大战后,利用石英晶体、酒石酸钾钠的高频特性(1 MHz),压电材料被应用于水下超声检测,定位水下航行器和检测水下地理环境。这是压电材料的首次应用,揭开了压电应用史的光辉篇章。在第二次世界大战期间,美、苏、日分别人工合成了铁电材料,其压电效应比自然界的压电晶体高出数倍之多。

20 世纪 40 年代,Arthur von Hippel 与麻省理工学院的同事发现钛酸钡($BaTiO_3$)具有铁电特性,可以通过加载不同方向的电压实现极化和反极化处理。自此,压电材料开始了商业化制作。钛酸钡材料的不足之处在于居里温度较低,只有 120 ℃。20 世纪 50 年代后期,发现了偏铌酸铅($PbNb_2O_6$)、钛酸锆酸铅[$Pb(Ti,Zr)O_6$],即 PZT 压电陶瓷,居里温度大幅提高至 250 ℃。

1969 年,Kawai 发现了有机聚合物压电材料聚偏氟乙烯(Polymer Polyvinylidenefluoride, PVDF)。PVDF 是一种半晶体材料,柔软,具有较强的压电效应,适用于传感器。压电高分子聚合物的发展已经有 50 多年的历史。自居里兄弟发现石英晶体中具有压电特性后,人们相继在无机物内发现了大量天然和人工的单晶、陶瓷及薄膜压电材料。突破无机物范围,在有机物体上发现压电性能最早出现在

1924 年 Briain 的报道中。Briain 研究了包括硬橡皮、赛璐珞等各种绝缘材料的压电特性。1965 年,Harris 和 Allison 等实现了塑料的冲击感应极化,随后对生物高分子压电特性进行了广泛研究。很多学者曾对木头、丝、骨头、肌肉等以及核糖核酸、脱氧核糖核酸进行了研究,发现其都具有一定的压电性。Peterlin 等[1]在 1967 年测定了 PVDF 的介电常数,也确认了它的压电特性。如今 PVDF 和其他高分子聚合物已作为一种极有前途的新型压电材料被制成各种电器元件,开始向科技和产业化方向拓展。

2.1.2　压电材料的基本概念

压电材料是一种能够实现机械能和电能相互转换的功能材料,其能量的相互转换通过正、逆压电效应实现,如图 2.1 所示。

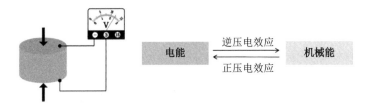

图 2.1　正、逆压电效应

正压电效应:施加机械应力时,材料某些表面会产生电荷,称为正压电效应。将机械能转化为电能,可用作传感器,测量结构应变。如图 2.2 所示,极化方向朝下,当圆柱形压电受径向压应力时,柱体厚度方向伸长,圆周方向收缩,上表面产生负电荷,下表面产生正电荷;相反,当圆柱形压电受径向拉应力时,柱体厚度方向变短,圆周方向膨胀,上表面产生正电荷,下表面产生负电荷。

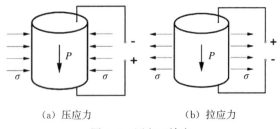

（a）压应力　　　　　　（b）拉应力

图 2.2　压电正效应

逆压电效应:施加激励电场时,材料将产生机械变形,称为逆压电效应。将电能转化为机械能,可用作致动器,驱动结构变形。如图 2.3 所示,圆柱形压电材料极化方向朝下,当施加的外电场与极化方向相同时,材料表现为沿极化方向伸长;

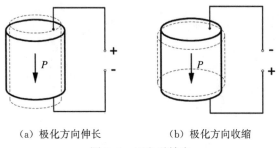

（a）极化方向伸长　　　　（b）极化方向收缩

图 2.3　压电逆效应

当施加的外电场与极化方向相反时，表现为沿极化方向收缩。

居里点（Curie Point）：又称居里温度（Curie Temperature）或磁性转变点，是指磁性材料中自发磁化强度降到零时的温度，是铁磁性或亚铁磁性物质转变成顺磁性物质的临界点温度。当温度低于居里点时，该物质成为铁磁体，此时和材料有关的磁场很难改变；当温度高于居里点时，该物质成为顺磁体，磁体的磁场很容易随周围磁场的改变而改变。

极化：在电场作用下，由于电荷的转移而使内部带电粒子有序排列并整体显电性的现象，极化过程如图 2.4 所示。初始的无序电畴经过强电场的激发而变为有序，之后撤去强电场，仍然保持有序电畴，从而整体显电性。

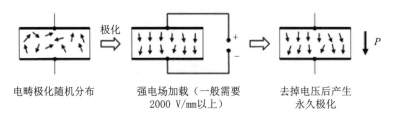

电畴极化随机分布　　　强电场加载（一般需要　　　去掉电压后产生
　　　　　　　　　　　2000 V/mm 以上）　　　　永久极化

图 2.4　极化原理

2.1.3　常见的压电材料

常见的压电材料有：压电晶体、压电陶瓷、压电聚合物、复合压电材料，如图 2.5 所示，其中复合压电材料主要包括 1-3 型复合压电材料、主动纤维复合压电材料（Active Fiber Composite，AFC）、宏纤维复合压电材料（Macro-fiber Composite，MFC）。

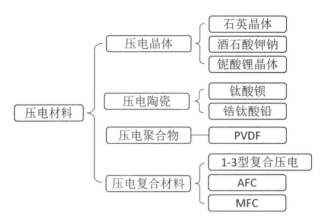

图 2.5　常见压电材料

（1）压电晶体

常见压电晶体有：石英晶体（见图 2.6）、酒石酸钾钠、铌酸锂晶体，其性能如表 2.1 所示。

图 2.6　石英晶体

表 2.1　各种压电晶体性能比较

性能	石英晶体	酒石酸钾钠	铌酸锂晶体
压电系数 /(C·N⁻¹)	2.3×10^{-12}	3×10^{-9}	7.8×10^{-11}
居里点/℃	575	23	1 210
灵敏度	低	高	高
机械性能	机械性能好、强度高、稳定	易受潮、机械强度低、电阻率低	各向异性、可加工性差
应用场合	较高压电或用于准确度、稳定性要求高的场合、制作标准传感器	只限于室温和湿度低的环境	可应用于耐高温领域

（2）压电陶瓷

常见压电陶瓷材料有钛酸钡（BaTiO$_3$）、锆钛酸铅（PbTiO3、PbZrO3，PZT）、以PZT 为基体的压电陶瓷，如图 2.7 所示。钛酸钡是最早的压电陶瓷材料，其结构为钙钛矿结构，熔点为 1 818 ℃，在室温下为铁电体，其晶体的介电常数各向异性显著，沿极化轴方向的介电常数比垂直于极化轴方向小得多。锆钛酸铅是由锆酸铅和钛酸铅形成的固溶体压电陶瓷材料，是目前性能较优、应用最广的一种压电材料。锆钛酸铅的化学式为 $[Pb(Zr_x，Ti_{1-x})O_3]$，晶胞结构与 BaTiO$_3$ 相似，正负电荷中心不重合，可自发极化，并且通过元素掺杂可实现性能改变，如掺杂 Ba^{2+}、Sr^{2+}、Ca^{2+}、Mg^{2+} 等置换 Pb^{2+}，还可用等价离子置换 Zr^{4+} 和 Ti^{4+} 等。

图 2.7　压电陶瓷

（3）压电聚合物

压电聚合物通常为非导电性高分子材料，如图 2.8 所示。从原理上讲，压电聚合物不包含可移动电荷，但在某些条件下带负电荷的极化中心可以被改变而呈现压电性。压电聚合物可分为非晶和半结晶聚合物。

图 2.8　压电聚合物

（4）复合压电材料

复合压电材料又称纤维压电材料，由压电陶瓷相和聚合物相组成。由于柔性聚合物相的加入，复合压电材料与压电陶瓷相比，具有更低的密度和声阻抗。复合压电材料主要分为三大类：1-3 型压电复合材料、主动纤维复合压电材料（AFC）、宏纤维复合压电材料（MFC）。

1-3 型复合压电材料自 20 世纪世纪 70 年代末由 Newnham 等[2]发明以来,已成为许多高性能超声换能器的首选材料,如图 2.9 所示,其压电纤维沿厚度方向排布。AFC 压电材料由麻省理工学院的科研人员发明,具有良好的柔性与变形能力,压电纤维沿平面方向排布,纤维截面形状为圆形。在 AFC 结构基础上再进行改进,将纤维截面改成方形,即为 MFC,如图 2.10 所示。MFC 最先由美国 NASA 的 Langley 研究中心发明。三种典型复合压电材料中,MFC 性能最好,应用也最为广泛。

 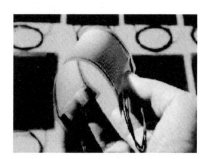

图 2.9　1-3 型复合压电材料　　　　图 2.10　宏纤维复合压电材料

2.1.4　压电陶瓷变形原理

（1）压电陶瓷晶体结构与极化

以压电陶瓷 PZT 为例阐述变形机理。PZT 晶体结构如图 2.11 所示,其晶胞中的八个顶角为铅离子,面心为氧离子,体心为钛离子。

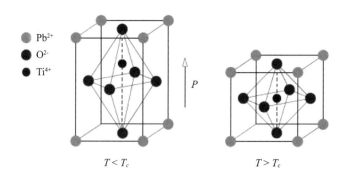

图 2.11　压电陶瓷晶体结构

PZT 晶体在居里温度（250 ℃）以下时,在外界强电场作用下,产生极化,其极化方向与电场方向一致,如图 2.11 所示,体心的钛离子发生偏移,这样才会有压电效应。当 PZT 晶体在居里温度以上时,晶体结构中的正负离子几何对称分布,不会产生压电效应。图中 P 表示极化方向,极化方向主要看钛离子相对于晶胞中心的位置,钛离子朝上偏移,则极化方向朝上。极化之前,位于体心的钛离子朝六个方向具有同等的偏离概率。

用体心离子的移动来解释和理解压电陶瓷的正、逆压电效应,如图 2.12 所示。坐标轴编号 1、2、3 分别表示 x、y、z 轴。假设极化方向朝上,若材料上下面受压或两侧受拉,此时带正电的钛离子往下运动,导致下表面聚集正电荷,上表面聚集负电荷;反之,材料上下面受拉或两侧受压,下表面聚集负电荷,上表面聚集正电荷。如果晶体结构受切应力,则会在左右两侧聚集电荷,产生横向电场。此为正压电效应,机械能转化为电能,可用作传感器。

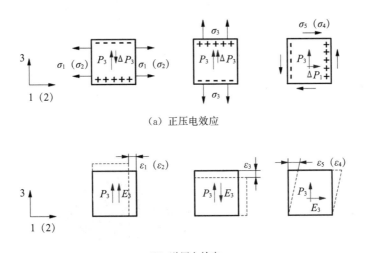

（a）正压电效应

（b）逆压电效应

图 2.12　压电陶瓷正、逆效应模式

假设极化方向朝上,若加载外部电场与极化方向相同,驱动体心离子朝电场方向运动,与极化方向一致,晶体结构沿电场方向伸长;若加载外部电场与极化方向相反,即朝下,驱动体心离子朝电场方向运动,与极化方向相反,晶体结构沿电场方向收缩;若加载外部电场与极化方向垂直,驱动体心离子朝电场方向运动,晶体产生剪切变形。此为逆压电效应,电能转化为机械能,可用作致动器。

（2）片状压电陶瓷的变形原理

典型的片状压电结构为薄板结构,如图 2.13 所示,上下两层为电极层,中间是压电陶瓷材料。压电片的总厚度一般为 0.10～5.0 mm,其长度和宽度方向一般为十几到上百毫米。图中两个灰色薄层为电极层,为等势体(若无特殊说明,下文中压电的电极不单独画出)。带字母 P 的箭头表示极化方向,箭头指向的表面为压电材料正极。

现有一压电片,如图 2.14 所示,假设六个面(A1、A2、B1、B2、C1、C2)都可以施

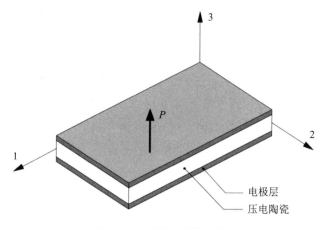

图 2.13 压电片结构组成

加电势,电极方向沿 x(1 轴)、y (2 轴)、z(3 轴)都有可能,请思考并分析如何施加电压,以及结构产生什么样的变形。

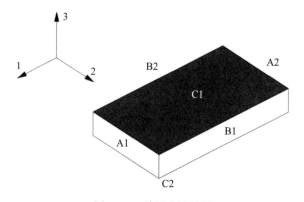

图 2.14 单压电片材料

方式一:若极化方向沿 x 正方向,电压施加在 A1、A2 两个面,电场方向也沿 x 正方向,压电片沿着 x 方向伸长。由于 x 方向的长度远大于厚度,在一定的电压加载下,电场强度会变得很小,因此驱动变形也很小。另外,A1、A2、B1、B2 四个面的面积相较于 C1 和 C2 小得多,不利于加载较高电压。此方式在压电片驱动中并不常见。

方式二:若电极沿着 z 正方向,电压施加在 C1、C2 两个面上,电场沿 z 正方向,压电片 z 方向变厚,x 方向和 y 方向变窄。由于 C1、C2 面积远大于其余四个面,因此 z 方向增高的尺寸相比于 x 和 y 方向收缩的尺寸小得多,可以忽略不计。压电材料主要在面内发生扩张或收缩变形,是压电片最主要的一种加载方式,如图 2.15 所示。

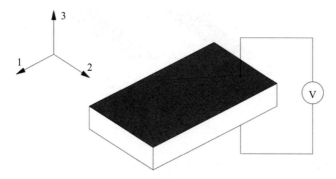

图 2.15 单压电片最常用的电压加载方式

（3）叉指电极

对于压电片,最常见的电极方式是将整个面作为电极,称为均匀电极(Uniform Electrodes, UE),如图 2.16 所示;也可以采用一种较为特殊的电极方式,即叉指电极(Interdigitated Electrodes,IDE),如图 2.17 所示。叉指电极采用条状导电面,正负极交叉排列,形成的电场方向均沿平面内方向,且相邻两个电场方向相反,电场分布如图 2.18 所示。

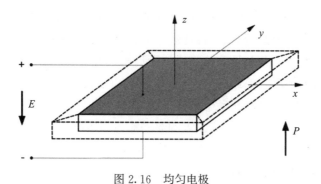

图 2.16 均匀电极

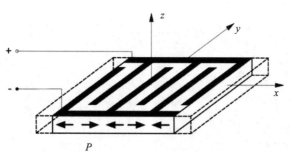

图 2.17 叉指电极

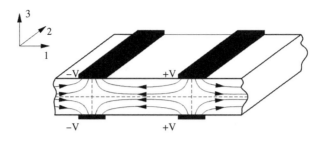

图 2.18　叉指电极电场分布规律

采用均匀电极时,压电陶瓷极化方向为厚度方向,主要利用压电 d31 和 d32 效应。d31、d32 分别为压电系数,表示为在 3 方向(极化方向)加电压,1 和 2 方向产生形变。若采用叉指电极,压电陶瓷极化方向大都沿平面内方向,平行于电场强度的方向,主要利用压电 d33 效应。d33 表示在 3 方向(极化方向)加电压,3 方向(极化方向)产生形变。压电陶瓷 d33 系数约为 d31 或 d32 系数的 2.5 倍左右,具有很强的驱动力。叉指电极的另一个优点是可靠性高,即使电极局部受到破坏,也不影响整体结构的驱动效果。

2.1.5　复合压电材料变形原理

复合压电材料主要有 1-3 型复合压电材料、主动纤维复合压电材料、宏纤维复合压电材料。复合压电材料主要以片状形式出现,是一种薄片型的致动器和传感器,内部由压电纤维和聚酯填充物构成。变形模式有横向伸缩、纵向伸缩以及具有一定角度的斜边伸缩三种方式。将纤维压电片与金属薄板黏结贴合,纤维压电片变形带动金属片发生弯曲、扭转等形变。

复合压电材料兼具压电陶瓷强大的驱动能力和压电聚合物柔性的特点。复合压电材料不仅可以粘贴、嵌入或埋入各类曲面,并且可以驱动刚度较大的薄壁结构,同时复合压电材料也具备良好的传感性能。

(1) 1-3 型复合压电材料

1-3 型复合压电材料内部结构如图 2.19 所示,其压电纤维沿着厚度方向排列,

图 2.19　1-3 型复合压电材料[3]

压电纤维截面为圆形或方形,中间填充聚酯材料。1-3 型复合压电材料主要利用压电 d33 效应,即压电极化方向和加载的电场方向均为厚度方向,施加电压,使压电纤维沿纤维方向产生伸缩变形,主要用作换能器,实现电能与声波的转换。

(2) 主动纤维复合压电材料

主动纤维复合压电材料(AFC)结构主要分为五个功能层,中间为主动层,两侧分别为电极层和聚酯层。主动层由圆形截面压电纤维与聚酯材料填充物构成,如图 2.20 所示。

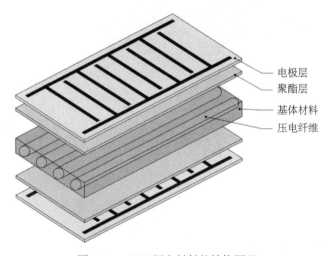

图 2.20　AFC 压电材料的结构原理

AFC 压电材料的变形主要通过压电纤维的伸缩变形驱动基体结构变形。驱动原理可以抽象为图 2.21,其采用叉指电极形式,相邻两个电场的方向相反,每对电极之间的压电纤维极化方向交替分布,相邻压电纤维段的极化方向相反。加载电压,使各段压电纤维产生伸长或收缩变形。

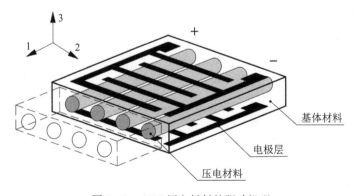

图 2.21　AFC 压电材料的驱动机理

（3）宏纤维复合压电材料

宏纤维复合压电材料(MFC)结构与 AFC 非常类似，不同之处在于 MFC 采用方形截面的压电纤维。MFC 压电片主要由五层组成，即中间主动层、两侧分别为电极层和聚酯层，如图 2.22 所示。

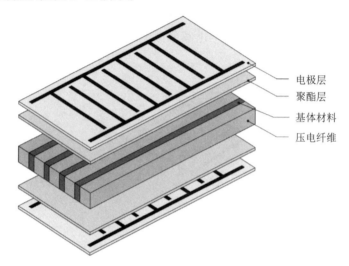

电极层
聚酯层
基体材料
压电纤维

图 2.22　MFC 压电材料的结构原理

MFC 压电片有两种类型，一种为 MFC-d31 型，另一种为 MFC-d33 型。MFC-d31 型如图 2.23(a)所示，其电极类似叉指电极，实际上是均匀电极。上层与下层电极为等势电极，或正或负，产生的电场方向为厚度方向，压电的极化方向也沿厚度方向。因此，该结构主要利用压电 d31/d32 效应，即在 3 方向上加电压，1 和 2 方向产生变形。MFC-d33 型压电片的结构形式与 MFC-d31 型很类似，但采用的是叉指电极，相邻两个电场方向相反，均平行于压电纤维方向，每两个电极之间的压电纤维段的极化方向相反且交替分布，相邻压电段的极化方向相反，如图 2.23(b)所示。该结构主要利用压电 d33 效应，即在 3 方向(极化方向)上加电压，3 方向上产生变形。

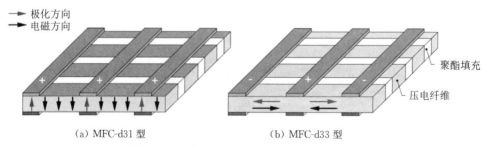

极化方向
电磁方向

聚酯填充
压电纤维

(a) MFC-d31 型　　　　　　(b) MFC-d33 型

图 2.23　两类 MFC 压电片的内部结构示意图

（4）复合压电材料 MFC 和 AFC 比较

AFC 采用圆形截面的压电纤维,易于制造,但是电场利用率低,有较多的体积有电场却无压电材料,致动效率比 MFC 会低一些。

MFC 采用方形截面纤维,制造成本高,电场利用率高,致动效率高。其中 d33 型利用 d33 效应,比 d31 型具有更大的驱动力。

AFC 和 MFC-d33 在电极处都存在电场零点,有一定驱动损失;并且两种材料的电场没有严格沿极化方向分布,同样存在驱动损失,如图 2.24 所示。

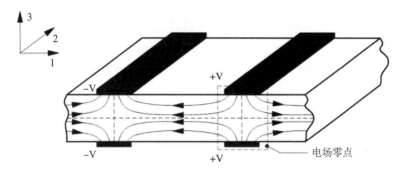

图 2.24　MFC 压电材料的驱动机理

2.2　形状记忆材料

形状记忆材料是一种具有形状自恢复功能的机敏材料,无论将该材料拉伸或弯曲成何种形状,只要通过热、光、电等物理刺激或化学刺激就可恢复成初始状态。形状记忆材料主要有形状记忆合金(Shape Memory Alloys,SMA)、形状记忆陶瓷(Shape Memory Ceramics,SMC)、形状记忆聚合物(Shape Memory Polymer,SMP)。

2.2.1　形状记忆材料的发展历程

（1）形状记忆陶瓷的发现

早在几个世纪以前,人们就发现,泥坯在干燥过程中具有形状记忆效应。如旋坯在干燥过程中扭曲,一般总是向最后成形前的形状扭转,因而说泥料具有记忆力。1986 年,澳大利亚的 Swain 最早报道了在陶瓷材料中存在形状记忆效应,其对氧化镁部分稳定的氧化锆试样进行四点弯曲实验时,观察到了形状的恢复。后来人们相继在 12Ce-ZrO$_2$ 观察到形状记忆效应,证实了陶瓷材料也具有形状记忆效应。最近几年,这种现象引起了人们足够的重视,并从技术上获得了有意义的塑性,使工程陶瓷强韧化。陶瓷具有耐高温、高硬度、耐腐蚀、耐磨损、密度小、价格便宜等优点,是目前人们研究最多的无机非金属形状记忆材料之一。

（2）形状记忆合金的发现

1932年,瑞典研究人员奥兰德在金镉合金中发现了形状记忆效应。1938年,Greninger和Moordian发现温度变化会引起铜锌合金中马氏体相的形成或消失。1951年,Chang和Read报道了一种金镉合金的形状记忆效应。1962年,美国海军武器实验室的Buehler和Wiley在镍钛(Ni-Ti)合金中发现了形状记忆效应。某些具有热弹性和马氏体相变的形状记忆合金,处于马氏体状态下进行一定限度的变形或变形诱发马氏体后,在加热过程中,当超过马氏体相消失的温度时,观察到了形状的恢复。

（3）形状记忆聚合物的发现

在20世纪50年代,美国科学家A. Charlesby在一次实验中偶然对拉伸变形的化学交联聚乙烯加热,发现了形状记忆现象。20世纪70年代,美国宇航局意识到这种形状记忆效应在航天、航空领域的巨大应用前景,于是重新启动了形状记忆聚合物相关的研究计划。1984年,法国CDF Chimie公司开发出了一种新型材料聚降冰片烯,该材料的分子量很高(300万以上),是一种典型的热致型形状记忆聚合物,这是世界上第一种取得专利的SMP。1988年,日本的可乐丽公司合成出了具有形状记忆功能的聚异戊二烯。同年,日本三菱重工开发出了由异氰酸酯、一种多元醇和扩链剂三元共聚而成的形状记忆聚合物。1989年,日本杰昂公司开发出了以聚酯为主要成分的聚酯-合金类形状记忆聚合物。形状记忆聚合物的分子链取向与分布可受光、热、电或化学物质等作用控制。形状记忆聚合物不是基于马氏体相变而产生的形状记忆功能,而是基于分子链的取向与分布的变化过程。

2.2.2　形状记忆材料的分类

形状记忆材料可分为形状记忆合金、形状记忆陶瓷、形状记忆聚合物。形状记忆合金又分为镍钛系形状记忆合金、铜基形状记忆合金和铁基形状记忆合金。形状记忆聚合物根据驱动特性分为热致感应型、电致感应型、光致感应型和化学感应型,如图2.25所示。

形状记忆陶瓷与合金的主要区别:形状记忆陶瓷变形量较小,每次记忆循环中都有较大的不可恢复变形,随着循环次数增加,累积变形增加,最终导致裂纹出现,并且形状记忆陶瓷没有双程记忆效应。形状记忆聚合物与形状记忆陶瓷相比有形变量大,形状加工方便,相变温度易于调节,保温和绝缘性能好,易着色,不锈蚀,质轻和价廉的优点。但是形状记忆聚合物还存在强度低,形变恢复驱动力小,刚性和硬度低,稳定性较差,易燃烧,易老化和使用寿命短的缺点。

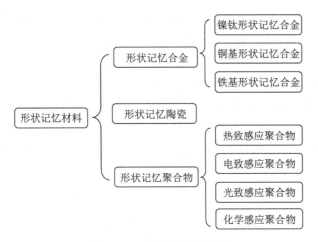

图 2.25　形状记忆材料种类

2.2.3　形状记忆合金

形状记忆合金是通过热弹性与马氏体相变及其逆变而具有形状记忆效应的一种智能材料。形状记忆合金是目前形状记忆材料中性能最好的材料。迄今为止，人们发现具有形状记忆效应的合金有 50 多种。

（1）形状记忆合金特性

形状记忆合金材料有两个特性，即形状记忆效应（Shape Memory Effect，SME）和伪弹性或超弹性（Pseudoelasticity 或 Superelasticity）。

形状记忆效应是指发生马氏体相变的合金形变后，被加热到奥氏体相变结束温度以上，使低温的马氏体逆变为高温母相，从而恢复到形变前固有形状；或在随后的冷却过程中，通过内部弹性能的释放又返回马氏体形状的现象。如图 2.26 所示，人们把形状记忆合金做成花造型，加热后花瓣展开，再冷却至室温，花瓣收缩。

图 2.26　形状记忆花瓣

伪弹性或超弹性指材料在应力作用下先发生线性弹性变形,随应力增加产生非线性弹性变形,卸载后,非线性弹性变形在一定条件下可以完全恢复。

（2）形状记忆合金的分类

形状记忆合金可以分为单程记忆、双程记忆和全程记忆。

单程记忆效应:低温下加载应力变形,加热后恢复变形前的形状,冷却后保持形状不变,其恢复能力只存在加热过程中,如图 2.27 所示。图中 M_f 是马氏体相变结束温度,A_f 是奥氏体相变结束温度,A_s 是奥氏体开始相变的温度。

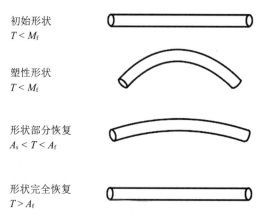

初始形状
$T < M_f$

塑性形状
$T < M_f$

形状部分恢复
$A_s < T < A_f$

形状完全恢复
$T > A_f$

图 2.27　形状记忆合金单程记忆效应

双程记忆效应:在低温时加载应力变形,在加热时恢复高温奥氏体相,形状变为初始大小,冷却时恢复低温马氏体相,形状再次恢复到变形后大小,如图 2.28 所示。

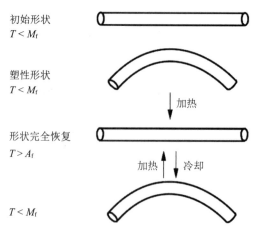

初始形状
$T < M_f$

塑性形状
$T < M_f$

加热

形状完全恢复
$T > A_f$

加热　冷却

$T < M_f$

图 2.28　形状记忆合金双程记忆效应

全程记忆效应:与双程记忆效应类似,不同之处在于,在高温时恢复奥氏体相,低温时变为形状相同、取向相反的马氏体相,如图 2.29 所示。

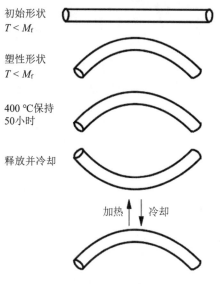

初始形状
$T < M_f$

塑性形状
$T < M_f$

400 ℃保持
50小时

释放并冷却

加热 冷却

图 2.29 形状记忆合金全程记忆效应

三种不同类型形状记忆合金总结如表 2.2 所示。

表 2.2 三种不同类型的形状记忆合金

类型	初始状态	加荷下的状态	加热状态	冷却后的状态
单程记忆	∪	—	∪	∪
双程记忆	∪	—	∪	⌢
全程记忆	∪	—	∪	⌒

(3) 形状记忆合金的工作原理

材料"应力-应变"关系又称为材料的本构关系。以低碳钢为例,其"应力-应变"关系如图 2.30 所示。

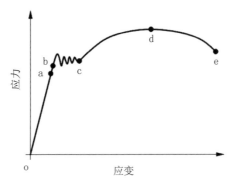

图 2.30 低碳钢"应力-应变"曲线

ob 段:当应力低于 b 点所对应的应力时,应力去除,变形消失,即试样处于弹性变形阶段。在 ob 阶段有一特殊直线 oa 段,在该段内应力与应变之间呈线性关系,称为比例阶段,也称为弹性阶段,胡克定律适用于此阶段。

bc 段:当应力超过 b 点所对应应力达到某一数值后,应力与应变之间的直线关系被破坏,应变显著增加,而应力先是下降,然后微小波动,在曲线上出现接近水平线的小锯齿线段。如果卸载,试样的变形只能部分恢复,而保留一部分残余变形,即塑性变形。这说明钢的变形进入弹塑性变形阶段。

cd 段:当应力超过 c 点所对应的应力后,试样发生明显而均匀的塑性变形。若使试样的应变增大,则必须增加应力值。这种随着塑性变形的增加,塑性变形抗力不断增加的现象,称为加工硬化或形变强化。

de 段:当应力超过 d 点所对应的应力后,试样开始发生不均匀塑性变形并形成缩颈,应力下降,最后应力达到 e 点所对应的应力时试样断裂。

由上述材料"应力-应变"特性可知,当施加于材料上的应力处于 ob 阶段时,其变形是可恢复的。当施加于材料上的应力超过 b 点对应应力时,撤掉应力其形变不可完全恢复。原因在于应力超过材料的屈服应力,造成了不可逆转的残余形变。

那么形状记忆合金的"应力-应变"关系相对于传统合金的"应力-应变"关系有何差别呢?

要理解形状记忆合金的原理,首先要了解材料的微观结构,即马氏体和奥氏体。马氏体于 19 世纪 90 年代最先由德国冶金学家阿道夫·马滕斯(Adolf Martens,1850—1914)在一种硬矿物中发现。马氏体最初是在钢(中、高碳钢)中发现,将钢加热到一定温度(形成奥氏体)后迅速冷却(淬火),可得到能使钢变硬、增强的一种淬火组织。

马氏体和奥氏体的不同在于,马氏体是体心立方结构,如图 2.31(a)所示;奥氏体是面心立方结构,如图 2.31(b)所示。奥氏体向马氏体转变仅需很少的能量,因为这种转变是无扩散位移型的,仅仅是迅速和微小的原子重排。

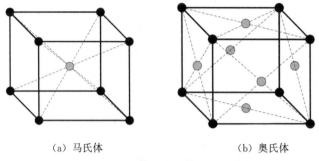

(a) 马氏体   (b) 奥氏体

图 2.31 马氏体和奥氏体的晶胞结构

  形状记忆合金在常温且未被施加任何外力的情况下,马氏体是以孪晶马氏体(见图 2.32)的形式存在的。

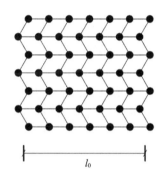

l_0

图 2.32 孪晶马氏体晶格拓扑关系

  当施加一定的应力,马氏体由孪晶马氏体转为非孪晶马氏体(见图 2.33),其材料的几何长度变化了 Δl。孪晶马氏体是一种对称结构,非孪晶马氏体是一种不对称结构。孪晶和非孪晶马氏体都是稳定形态。

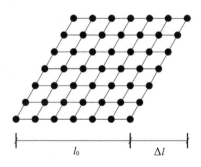

l_0 Δl

图 2.33 非孪晶马氏体晶格拓扑关系

加热非孪晶马氏体至高温，非孪晶马氏体将转化为高温奥氏体（见图2.34）。高温奥氏体的几何尺寸与变形前的孪晶马氏体几何尺寸一样。

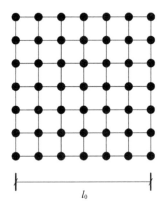

l_0

图2.34　奥氏体晶格拓扑关系

形状记忆合金工作过程如图2.35所示。在常温下，当合金受到应力作用而产生形变时，孪晶马氏体转化为非孪晶马氏体，同时其几何形状发生改变。当非孪晶马氏体加热至高温时，非孪晶马氏体转化为高温奥氏体，其几何形状得到复原。高温奥氏体冷却以后，将重新转化为孪晶马氏体。奥氏体转化为孪晶马氏体，其原子排列方式发生改变，但是其几何长度保持不变。这就是合金材料的"形状记忆效应"。

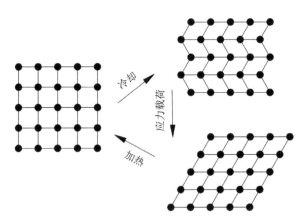

图2.35　形状记忆合金变形原理

由图2.36可知，当温度从低于M_f上升到奥氏体相变开始温度（A_s）时，形状记忆合金内部全部为马氏体结构。继续升高温度（>A_s），合金开始奥氏体相变。当温度低于奥氏体相变结束温度（A_f）时，合金内部为马氏体和奥氏体的混合状态,温度越高,奥氏体所占百分比越高。继续升高温度,达到 A_f 时,马氏体全部转化为奥氏体。然后,降低温度直到马氏体相变开始温度(M_s),部分奥氏体开始转化为马氏体。在温度未到马氏体相变结束温度(M_f)时,合金内部为马氏体和奥氏体的混合状态。当温度低于 M_f 时,奥氏体全部转化为孪晶马氏体。

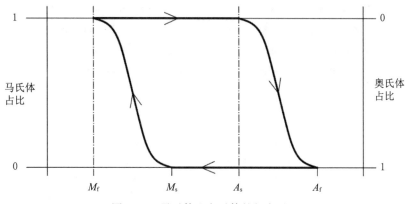

图 2.36　马氏体和奥氏体的相变过程

　　形状记忆合金的"应力-应变"特性曲线如图 2.37 所示。"应力-应变"特性可以分为四部分。弹性区①和③,分别为形状记忆合金孪晶形态和非孪晶形态的弹性变形区域。伪弹性区②,是孪晶和非孪晶形态转换发生大变形,在这个区域只需要微小的应力即可使形状记忆合金在微观上从孪晶马氏体转化为非孪晶马氏体,在宏观上产生形变(见图 2.38),在合适的条件下,这些变化是可逆的。屈服区④,

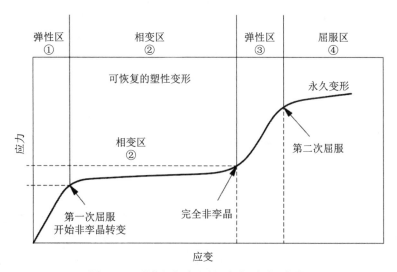

图 2.37　形状记忆合金的"应力-应变"曲线

在较高应力作用下,变形伴随着原子滑移。在这种情况下,原子之间的化学键被打破,新的化学键形成。因此,这种变形可以是永久的和不可逆的。图 2.39 为非孪晶马氏体之间原子化学键破坏后的示意图。

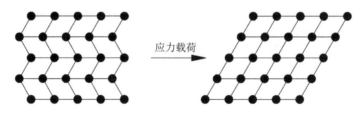

图 2.38　去孪晶化过程

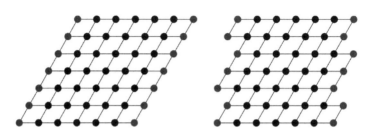

图 2.39　形状记忆合金的不可逆变形

　　了解了形状记忆合金的"应力-应变"关系,并且了解形状记忆合金的相变过程,就可知道在低温环境下形状记忆合金的"应力-应变"关系,如图 2.40 所示。

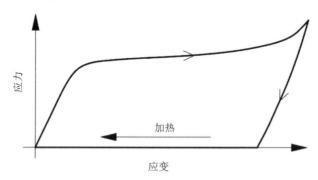

图 2.40　低温环境下的"应力-应变"关系

　　形状记忆合金的应变还会受到环境温度影响。当温度介于奥氏体相变开始和相变结束温度,即 $A_s < T < A_f$ 时,其应变如图 2.41(a)所示,形状不可完全恢复,存在残余应变。当温度高于奥氏体相变结束温度,即 $T > A_f$ 时,其应变如图 2.41 (b)所示,形状可完全恢复。这是形状记忆合金伪弹性的一种表现。

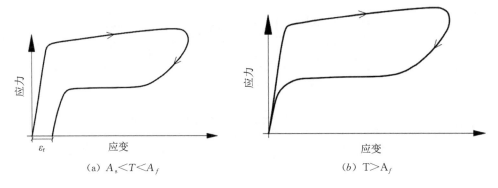

(a) $A_s < T < A_f$ (b) $T > A_f$

图 2.41　中高温环境下的"应力-应变"关系

2.2.4　形状记忆聚合物

（1）形状记忆聚合物的定义

形状记忆聚合物，又称形状记忆高分子，指具有初始形状的制品，在一定的条件下改变其初始条件并固定后，通过外界光、热、电或化学物质等作用控制分子链取向与分布，使其恢复至原始形状。形状记忆高分子不是基于马氏体相变而产生的形状记忆功能，而是基于分子链的取向与分布的变化过程。

（2）形状记忆聚合物的形变原理

以热敏型形状记忆聚合物为例，来说明形状记忆聚合物的作用原理。热敏型形状记忆聚合物材料由固定相和可逆相两部分组成。固定相是聚合物交联结构或部分结晶结构等，在工作温度范围内保持稳定。可逆相是随着温度变化能发生可逆转变的相，这些结构能在结晶态与熔融态或在玻璃态与橡胶态之间可逆转变。将形状记忆聚合物加热，使之发生可逆结晶融化，固定相还是保持硬化温度，其机理如图 2.42 所示，可分为四个部分。

①　热成形加工。将粉末状或颗粒状树脂加热融化使固定相和可逆相都处于软化状态，将其注入模具中成形、冷却，固定相硬化，可逆相结晶，得到指定的形状，如图 2.42(c)所示，即起始态。

②变形。将材料加热至适当温度（如玻璃化转变温度），可逆相分子链的微观布朗运动加剧，发生软化，而固定相仍处于固化状态，材料由玻璃态转为橡胶态，整体呈现出有限的流动性。施加外力使可逆相的分子链被拉长，材料达到如图 2.42(e)所示的状态。

③　冻结变形。在外力作用下同时进行冷却，使可逆相结晶硬化，然后卸除外力，材料仍保持如图 2.42(e)所示的形状，但得到新的稳定态，即变形态，如图 2.42(f)所示。此时的形状由可逆相维持，其分子链沿外力方向取向、冻结，固定相处于

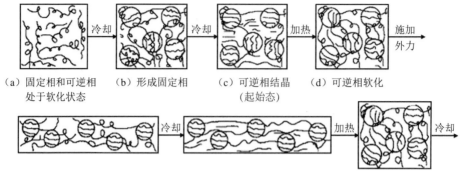

（a）固定相和可逆相　　（b）形成固定相　　（c）可逆相结晶　　（d）可逆相软化
　　处于软化状态　　　　　　　　　　　　　　（起始态）

（e）在外力作用下发生变形　　（f）在外力作用下可逆相冷却后　（e）可逆相熔融达图（d）状态
　　　　　　　　　　　　　　　定形，外力消除后不再变形

（h）状态图（c）的复原

 固定相　 可逆相的结晶部分　　可逆相的非结晶部分

图 2.42　热敏型形状记忆聚合物的形变原理

高应力形变状态。

　　④ 形状恢复。将材料再加热到可逆相软化的温度，由于固定相的作用，可逆相的分子链恢复到变形前的状态，形状也随之恢复到如图 2.42(d)所示的状态，将之冷却到可逆相结晶硬化的温度以下，材料回复到如图 2.42(c)所示的状态。

2.3　磁致伸缩材料

　　磁致伸缩材料是一类具有电磁能/机械能相互转换功能的材料。20 世纪 70 年代发现了室温下具有巨磁致伸缩性能的稀土铁合金（RFe₂）材料，由于其能量密度高、耦合系数大，具有传感和驱动功能，因此可作为智能材料或相应器件在智能结构领域中应用，得到了广泛的关注和发展。

2.3.1　磁致伸缩材料的定义

　　磁致伸缩是铁磁材料在磁化时发生变形（或应变）的现象，即对其磁性状态的变化作出响应。工程上利用这一特性，将电能转换成机械能或将机械能转换成电能。磁致伸缩是指在交变磁场的作用下，物体产生与交变磁场频率相同的机械振动；或者相反，在拉伸、压缩力作用下，由于材料的长度发生变化，使材料内部磁通密度相应地发生变化,在线圈中感应电流,将机械能转换为电能。

2.3.2 磁致伸缩材料的发展历程

1842 年,英国物理学家詹姆斯•焦耳(James Joule)发现一根铁棒在磁化后会发生长度的变化,这是首次在铁磁材料中发现了磁致伸缩效应。因为当时发现的磁致伸缩变化量在 $10^{-8} \sim 10^{-6}$ 数量级,受限于当时的技术,未能得到重视和应用。20 世纪 40 年代,经过学者的不懈努力,发现了镍(Ni)和钴(Co)的多晶磁致伸缩材料,从此磁致伸缩材料才得到应用。到了 20 世纪 50 年代,苏联科学家开发出了Fe-13％Al 合金,该材料的磁致伸缩系数为 10^{-4},材料的性能得到了很大的提高。

1972 年,美国的 Clark 发现稀土的磁性很特别,发现了 $TbFe_2$ 和 $DyFe_2$ 等二元稀土化合物,这类化合物在室温下的饱和磁致伸缩系数是传统材料的上百倍。1974 年,Clark 又发现了三元稀土铁合物,其饱和磁致伸缩系数达到了 10^{-3} 数量级,性能得到了极大的提高。

20 世纪 80 年代,稀土超磁致化合物进入市场,得到了广泛应用,同时在性能上也进一步提高。以美国 Edge Technolgies 的 Terfenol-D 和瑞典公司 Feredyn AB 的 Magmek-86 为代表的一批公司投入到超磁致伸缩材料(Giant Magnetostrictive Material, GMM)的开发和应用中。一大批应用 GMM 的智能结构涌现出来,比如美国开发的高灵敏磁致伸缩应变计,日本生产的纳米级致动器、微型隔膜泵和瑞典的高精度喷射阀等。随后 GMM 性能又进一步提升,可达到 2×10^{-3} 甚至更高,居里温度达 3 000 ℃。

20 世纪 90 年代,维拉利发现了一种相互作用,即应力引起的铁磁材料的尺寸变化(或应变)会造成其磁化强度发生改变,这种行为被称为"维拉利效应"。

2.3.3 磁致伸缩材料的工作原理

磁致伸缩效应是一切铁磁材料都具有的特性,即在外加磁场的作用下,铁磁材料的磁性结构和外形发生一定的变化,当外加磁场消失时,这种变形也会随之消失。

(1) 自发磁致伸缩效应

如图 2.43(a)所示,当磁致伸缩材料在居里温度以上(约 380 ℃ ,Terfenol-D)时,以顺磁状态存在,磁矩在各方向随机无序分布,顺磁状态下的无序材料可以表示为球形体积。当磁致伸缩材料在居里温度以下时,以铁磁状态存在,铁磁状态下的材料可以表示为椭球形体积,磁畴在材料中形成时,每个体积沿其磁化轴经历一个应变 ε。因为磁畴的方向是随机的(共三个方向),所以当沿着参考轴分解成分量时,整体材料应变为 ε/3,这就是自发磁致伸缩效应。

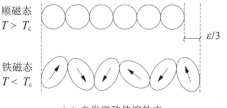

順磁态
$T > T_c$

铁磁态
$T < T_c$

$\varepsilon/3$

（a）自发磁致伸缩效应

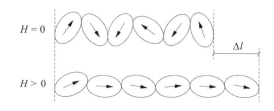

$H = 0$

$H > 0$

Δl

（b）场致磁致伸缩效应

图 2.43　磁致伸缩效应原理

（2）场致磁致伸缩效应

如图 2.43（b）所示，当磁致伸缩材料没有被施加任何外部的磁场时，其原子的排列杂乱无章。当有外加磁场 H 时，各个域的磁化矢量尽可能趋向磁场的方向。由于所有的磁畴都朝向一个特定的方向，材料就被磁化了，其原子按照磁场方向依次整齐排列，磁致伸缩材料在宏观上表现出伸长的特征，以上为正磁致伸缩原理。例如 Fe 会随着磁场强度的增强而伸长；而负磁致伸缩材料（如 Ni）在磁场中则相反。

（3）正、负磁致伸缩效应

磁致伸缩材料内部原子的排列方式与磁场的方向以及强度有关。如图 2.44 所示，当内部原子磁场方向沿着内部晶格长轴方向分布时，在外加磁场作用下磁致伸缩材料沿着磁场方向伸长，同时沿着磁场法线方向收缩，此为正磁致伸缩材料伸

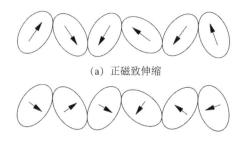

（a）正磁致伸缩

（b）负磁致伸缩

图 2.44　正、负磁致伸缩原理

缩原理。相反,当磁致伸缩材料内部原子磁场沿着内部晶格短轴方向分布时,在外加磁场作用下磁致伸缩材料沿着磁场方向缩短,同时沿着磁场法线方向伸长,此为负磁致伸缩材料伸缩原理。

(4) 外部应力对磁致伸缩材料的影响

磁畴的方向是由外部磁场和内部应力共同决定的。如图 2.45 所示,在不受外部磁场时,由于外加的预压应力 σ,材料相比初始的长度要缩短 Δl_c,此时再外加一个强度合适的磁场会使磁畴方向趋于一致,在有预压应力的基础上伸长 Δl_h。可以看出,如果材料给定初始压应力时,可恢复应变大于零压预应力下的应变。然而,在高压预应力下,这种材料不能以同样的程度对外加磁场作出响应,场致应变开始减小。因此,想要获得最佳性能,可以通过在材料上施加一个中等值的压缩预应力,再加载磁场。

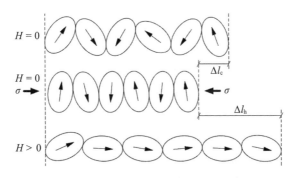

图 2.45　压应力对场致应变的影响

此外,磁致伸缩材料(尤其是 Terfenol-D)是抗拉脆性材料(抗拉强度 28 MPa,抗压强度 700 MPa),它们通常置于机械压应力下,以确保操作过程中的机械完整性。

2.3.4　磁致伸缩材料的种类

早期阶段有铁(Fe)、镍(Ni)、钴(Co)及其合金。它们的磁致伸缩效应很弱。

1963—1964 年,人们发现稀土金属,如镝(Dy)和铽(Tb)在低温下表现出巨磁致伸缩($>10^{-3}$)。

1972 年,美国海军法令实验室的 Clark 和 Belson 以及海军研究实验室的 Koon、Schindler 和 Carter 发现了一种稀土金属合金,它在室温下表现出巨大的磁致伸缩。

磁致伸缩材料按照其发展历程可分为两个部分:传统磁致伸缩材料和超磁致伸缩材料。

（1）传统磁致伸缩材料

传统磁致伸缩材料按照其组成分为金属、合金和铁氧体。典型的金属是镍。镍是最早使用的负线性磁致伸缩材料，即自身长度随着磁场的增强而缩短。因为镍成本较高且电阻率低，所以一般都是使用镍铁合金(45％Ni，55％Fe)等。

合金有铁铝合金(87％Fe，13％Al)，价格低廉，但机械强度差。铁钴铬合金，其磁致伸缩系数、居里温度以及保磁能力都要优于镍，但其性能受温度影响较大。比较典型的 $Fe_{40}Ni_{38}Mo_4B_{18}$ 是一种带状非晶薄膜合金，磁致伸缩系数可达到 10^{-5} 数量级，磁能与机械应变之间的转换效率很高，且可承受的功率大，结构稳定，缺点是电阻率低。

铁氧体是指电阻率高的铁氧非金属磁性材料，通常以铁、镍或镍-钴为基体材料，混合其他金属成分制备而成，最常见的是镍铁氧体、镍钴铁氧体和镍铜铬铁氧体。这类材料的优点是磁致伸缩效应显著，涡流损耗低，常用作换能器，缺点是机械强度差，易老化。

（2）超磁致伸缩材料

稀土磁致伸缩材料的饱和磁致伸缩系数远高于普通磁致伸缩材料，故而称为超磁致伸缩材料。例如：以$(Tb,Dy)Fe_2$ 化合物为基体的 $Tb_3Dy_7Fe_9$ 合金材料，其磁致伸缩系数可达 $1.5 \times 10^{-3} \sim 2.0 \times 10^{-3}$，比传统磁致伸缩材料的伸缩系数高 $1 \sim 2$ 个数量级。其优点主要有：①在室温下，磁致伸缩系数是传统材料的数百倍；②磁-机耦合性能强、响应速度快，在特定条件下可达微秒级；③能量密度大、机械强度高、工作频带宽等。超磁致伸缩材料优越的性能使其广泛应用于换能器、致动器等能量转换装置，但制造成本高、材料成品脆性大、工艺性能差。

2.4 电流变液

在电流变液被发现以来的 70 多年中，虽然出现了很多种类，但是由于在力学性能、沉降性能、再分散性能、零场黏度和电流密度等存在问题，制约了电流变液在工业中的应用。巨电流变液的出现在一定程度上推进了电流变液的发展，但要实现真正的工业化还有一些问题有待解决。

2.4.1 电流变液的定义

电流变液(Electrorheological Fluid，ERF)是一种由可极化微纳尺寸介电分散相分散在绝缘油中组成的一种具有电响应的智能流体。对其施加电场后，电流变液的微观结构和性能会发生明显的变化，因此电流变液被视为具有广泛应用前景的智能材料。

电流变液在通常条件下是一种悬浮液,它在电场的作用下可发生"液体-固体"的转变。当外加电场强度远远低于某个临界值时,电流变液呈液态;当电场强度大大高于这个临界值时,它就变成固态。在电场强度的临界值附近,这种悬浮液的黏滞性随电场强度的增加而变大,这时很难说它是呈液态还是呈固态。这种材料在机电一体化控制、汽车、通用机械等领域有着广泛的应用前景,并有可能在这些领域引起革命性的变化。

2.4.2 电流变液的发展历程

1947 年,美国的 Willis M. Winslow 发现了一个奇怪的现象:他把石膏、石灰和炭粉加在橄榄油中,然后加水搅成一种悬浮液,想看看这种悬浮液能不能导电。在试验中,他意外地发现,这种悬浮液没有加上电场时,可以像水或油一样自由地流动。可是加上电场,就能立即由自由流动的液体变成固体,而且随着电场强度的增加,固体的机械强度也在增加。当电场消失时,它又能立即由固体变回液体。由于这种悬浮液可以用电场来控制,因此科学家就把它叫做"电流变体",并把这种现象称为"Winslow 现象"。

1949 年,Winslow 将淀粉、面粉、石灰石等固体颗粒分散于某些绝缘油中(硅油、植物油等),配制成悬浮液,并将悬浮液置于两电极之间,对其施加电场,发现在极板之间,沿电场方向存在着纤维结构。虽然后来各国学者对此进行了大量研究,但是直到 20 世纪 80 年代初期,人们才开始接受流变这一概念。20 世纪 80 年代中期,北京理工大学魏宸官将这一课题信息带入中国,为国内电流变液的发展开辟了先河,使其逐渐获得广泛的应用。电流变液的发展历程经历了以下几个阶段。

(1) 早期含水电流变材料

在 1949 年,早期的研究主要集中于含水电流变液上,如 Winslow 研制的淀粉、石灰石、明胶等,Klass 研制的聚甲基丙烯酸锂盐等一系列聚合物电解质基电流变液,Stangroom 合成的稳定性更好的葡聚糖类。这些材料作为分散相必须用水作活化剂,这样就带来工作温度范围小、漏电流密度大和能耗高等缺点。

(2) 聚合物无水电流变材料

在 20 世纪 80 年代末,Block 首先研制出了稠环芳烃类聚合物半导体无水电流变材料,标志着一个新阶段的开始。无水电流变材料较好地克服了含水电流变材料的多种缺陷,但缺点是基体的热稳定性较差、漏电流密度较大、制备工艺相对复杂、毒性大,而且工业化生产较困难。

(3) 无机无水电流变材料

继有机无水电流变材料出现后,无机无水电流变材料也被广泛研制。Filisko

研制的无水硅铝酸盐电流变液被认为是第一种无机无水电流变材料。这种材料的特点是不含水,在高温条件下仍具有较高的电流变活性。但它的主要缺点是密度大、颗粒的悬浮稳定性差、质地硬、对器件磨损大,而且力学性能仍需进一步提高。

(4)"有机-无机"复合电流变材料

进入 20 世纪 90 年代,"有机-无机"杂化材料已成为电流变材料研究与应用的主流之一。由于"有机-无机"电流变材料综合了有机材料和无机材料各自的特点,其组成、结构及颗粒大小等均可以在制备过程中进行适当控制,分散粒子的介电性能等获得了相应改善,因而这类电流变材料被认为很有开发和应用前景。

我国在此领域也取得了较好的成果,1988 年北京理工大学魏宸官教授最先在国内开展电流变效应的研究工作。2001 年研制了基于沸石和硅油的电流变液。在 5 000 V/mm 电场下的剪切强度达到了 20 kPa 以上。2003 年,香港科技大学的温维佳课题组制备出巨电流变液(Giant Electrorheological Fluid,GERF),并提出了饱和极化模型。巨电流变液的屈服强度超过 130 kPa,打破了传统介电型电流变液的理论极限。由此,电流变液的研究进入上升期。

2.4.3　电流变液的组成成分

电流变液是一种由介电微粒与绝缘液体混合而成的复杂流体。在没有外加电场时,它的外观很像机器用的润滑油,一般由基础液、固体粒子和添加剂组成,如图2.46 所示。

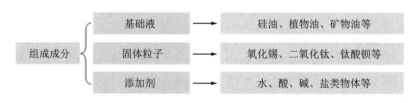

图 2.46　电流变液组成

(1) 基础液

基础液需要有很好的绝缘性能、较低的凝固点、较高的沸点、良好的化学稳定性和较低的无电场黏度。常用的基础液包括硅油、植物油、矿物油、石蜡、煤油和氯化氢。当基础液和电流变液颗粒混合时,混合物往往呈现出黏土状、黏性或流体状的外观(见图 2.47)。这主要是因为不同类型的基础液对颗粒的渗透程度不同,直接影响电流变液的性能。

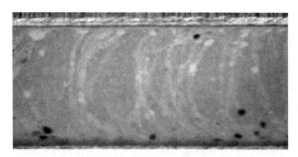

图 2.47　基础液与颗粒混合

（2）固体粒子

固体粒子是一种由纳米至微米尺度大小，具有较高的相对介电常数、较强极性的微细物体组成。常见的材料有氧化锡（SnO_2）、二氧化钛（TiO_2）、钛酸钡等，如图2.48所示。固体微粒材料的性质决定了电流变液性能的好坏，是电流变液的关键成分。

（a）SnO_2　　　　　　　　　　　（b）TiO_2

图 2.48　常用固体粒子

（3）添加剂

添加剂常用水、酸、碱、盐类物体和表面活性剂组成，添加剂的加入提高了颗粒在基础液中的稳定性、颗粒的介电常数以及颗粒在油相液体中的润湿性。

2.4.4　电流变液的工作原理

在最初发现电流变现象的几十年内，研究者并不能完全理解电流变效应的作用机理，从而使得电流变材料的发展和应用受到了严重阻碍。随着研究的不断深入，理论的不断完善，电流变材料的应用成为了可能。

（1）静电极化机制

目前，电流变效应的形成原因还没有明确解释，但是研究者普遍认同 Winslow 所提出的静电极化机制，即电流变效应是悬浮液在电场的作用下，分散颗粒相对于连续相的极化所导致，其中极化来源于电子云位移极化、离子位移极化、偶极取向极化、界面极化等。在这几类极化机制中,电子极化和离子极化属于快速极化类型,相比于其他几类极化机制,极化响应的时间最短。静电极化机制电流变效应可描述为,在外加电场作用下,颗粒的电荷分布导致了偶极子的形成,然后沿外电场的方向做旋转运动,邻近的偶极子相互吸引,形成了沿电场方向排列的链状结构。链与链之间的静电作用力也随电场强度的增大而进一步增强,从而使其相互靠近,聚集成柱。若使悬浮液流动,柱状结构必须变形或者破裂,因此需要更大的切应力以克服偶极颗粒之间的相互作用力,从而使电流变液在施加电场后表现出强切应力。

（2）双电层模型

除了静电极化模型,Klass 等提出了双电层模型。在该模型中,电流变液中的固体颗粒分散相被认为由颗粒本身和围绕其周围的离子云组成。在不加电场的情况下为球形对称分布。在电场的作用下,外围的离子云开始发生扭曲,并与临近的离子云相互吸引、靠近,因此缩短了颗粒之间的距离,随即相邻颗粒之间沿着电场方向形成链状或柱状结构。由于这种链状或柱状结构的形成,使得电流变液的剪切黏度大幅度提高,从而产生了电流变效应。

（3）水桥模型

在电场作用下,流变材料颗粒之间会形成水桥。水桥的强度正是剪切力所要克服的。水桥模型将电流变效应与电场强度之间的关系归结于颗粒孔隙中离子的迁移作用。在外加电场的作用下,颗粒表面的离子开始迁移,并且带动水分子移动到颗粒的表面。离子迁移形成了阻碍剪切的水桥,提高了电流变液的切应力。电流变液对电信号的反应非常显著,响应时间又极其短（可以低于十毫秒级）,并且过程可逆,其流变特性能够很容易地通过外加电场控制,同时还具有较好的温度稳定性、介电常数大、电流密度低和不易沉淀等优点,因此在航空工业、润滑油、汽车等领域具有广阔的应用前景。借助电流变效应制造出来的器件与传统器件相比,电流变器件重量轻、能耗低、灵敏度高、噪音小、响应快,因而电流变材料在计算机控制、机器人工程、船舶工程、农业机械及武器控制等领域有着广泛应用空间。

（4）分子极化模型

尽管已经有学者提出了用表面极化饱和模型来解释巨电流变液系统中的巨电流变效应,但是有些学者认为该模型需要进一步改进,因此提出了分子极化模型。该模型中,在零场情况下,极性分子散布在颗粒表面;施加足够强的电场后,能有效地将颗粒聚集到一起。因此颗粒间隙的局部电场能够将间隙中的极性分子沿着电场方向对齐（见图 2.49）。研究发现局部电场远大于外加电场,约为外加电场的1 000 倍。巨电流变效应主要归因于极化分子与颗粒极化电荷之间的强偶极相互作用。

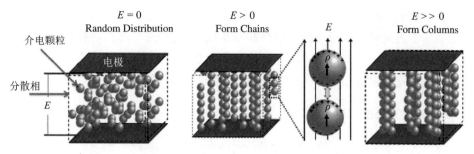

图 2.49　电流变液的工作机理及巨电流变液分子极化模型[4]

除此之外,还有其他模型,如电泳模型等。然而,迄今为止还没有任何一种模型可以完美解释电流变效应中的所有现象,而静电极化模型是研究者普遍接受的一种。目前普遍应用的电流变液大部分是组分复杂的悬浊液,基本由分散相、连续相和添加剂组成。这三种相并不独立存在,各个组分间都存在着相互作用,并且互相影响,是一个十分复杂的体系。

2.5　磁流变液

磁流变液是一种与电流变非常类似的智能液体材料。它的流变学特性可以由外加磁场进行控制,磁场强度不同,磁流变材料所呈现出的性能也不一样。

2.5.1　磁流变液的定义

磁流变液(Magnetorheological Fluid,MRF)是一种由微米或纳米级铁磁颗粒(如羰基铁颗料)分散在非磁性载液中所形成的悬浮液,具有磁响应的智能流体。在外部无磁场时呈现低黏度的牛顿流体特性;在外加磁场时呈现为高黏度、低流动性的宾汉(Bingham)流体。磁流变液的黏度大小与磁通量存在对应关系,转换能耗低、易于控制、响应迅速(毫秒级)。

2.5.2　磁流变液的发展历程

磁流变效应最早在 19 世纪 40 年代发现,在随后对磁流变效应和磁流变材料的研究与应用过程中,人们发现磁流变材料具有响应速度快、流变性能变化范围宽、可逆性强等诸多优点,表现出极大的应用潜力。近年来随着磁流变相关基础研究的开展,人们对磁流变材料及磁流变效应的了解更为全面,其独特的性质和优势,吸引了诸多国内外科研人员对其进行研究。对磁流变液特性的研究成果主要集中在磁化磁流变液的方式上,Bingham、Herschel-Bulkley 和 Casson 三种塑性模型是最具代表性的研究成果。Jolly 等[5]提出了一种描述磁流变材料的新模型,该模型是基于给定结构中粒子间的偶极相互作用,考虑到磁场的线性特性,由能量来描述磁流变材料的力学和磁性能。Bossis 等[6]提出了一种计算椭球体、条纹和圆柱体情况下磁流变液屈服应力的宏观、微观结构模型。

2.5.3　磁流变液的组成成分

磁流变液主要由三部分组成,分别是磁性固体颗粒、基础液和添加剂,如图 2.50 所示。磁性固体颗粒包括羰基铁粉、钴粉、钴铁合金和镍锌合金。基础液是磁流变液的重要组成部分,如合成油、硅油、矿物油、水等液体均可作为载液。添加剂包括分散剂和抗沉降剂,其主要作用是提高磁流变液的沉降稳定性、再分散性、零场黏度和剪切屈服强度。分散剂主要包括油酸及油酸盐、环烷酸盐、磺酸盐(或酯)、磷酸盐(或酯)、硬脂酸及其盐、单油酸甘油、脂肪醇、二氧化硅等。抗沉降剂主要包括聚合物、亲水硅低聚物、有机金属硅共聚物、超细无定形硅胶、有机黏土和氢键低聚物等。

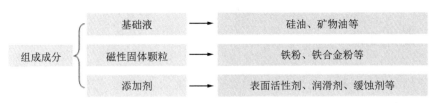

图 2.50　磁流变液组成

2.5.4　磁流变液的工作原理

磁流变材料中铁磁颗粒的体积分数通常为 20%～40%,其流变特性可以通过外部磁场来控制。不同的磁场强度下,磁流变材料的性能也不相同。磁流变液的工作原理如图 2.51 所示,在无外加磁场时,由于添加剂的存在使得磁性固体能够在基础液中稳定存在。当外加磁场作用于磁流变材料时,铁磁颗粒迅速磁化为偶极子,并形成平行于磁场的链结构。磁流变材料从牛顿流体状态转变为准固态,整个过程约为 10 ms。在磁场作用 0.5 s 后,链开始变直,一些链开始聚集在一起。聚集在一起的链形成一个阵列,该阵列呈体心立方结构。此时磁流变液呈现为高黏度、低流动性的宾汉流体。磁流变材料的状态和性能随磁场强度和链聚集程度的不同而不同。上述变化过程是可逆的。当外磁场消失时,链结构消失,磁流变材料迅速恢复到牛顿流体状态。

磁流变体中悬浮的磁性固体粒子在外加磁场作用下,极化产生了偶极矩。当极与极之间的相互作用力足够克服热振动能的影响时,它们就能聚集到一起,并沿

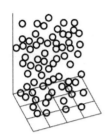 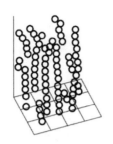 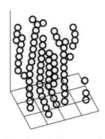 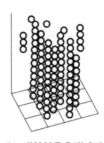

（a）无磁场时，磁性粒子　　（b）磁场作用 10 ms 后，　　（c）磁场作用 0.5 s 后，　　（b）磁性链聚集形成阵
　　在基础液中随机分布　　　　磁性粒子开始形成链　　　　磁性链开始聚集　　　　　列，呈体心正方结构

图 2.51　磁流变液工作原理

磁场方向排成链状结构。随着磁场强度的增大，链与链之间也会发生聚集，形成更粗的柱状结构，甚至链与链之间或柱与柱之间也会发生交联，形成栅格状结构。可以通过调整磁场强度来控制磁流变液的固化效果。

根据流体动力学原理和磁流变液工作机理，可将以磁流变液为基础的磁流变液器件划分为三种不同的工作模式，即剪切模式、流动模式和挤压模式（见图 2.52）。

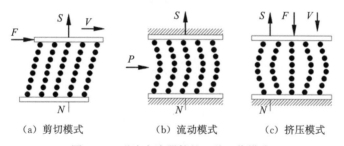

（a）剪切模式　　　　　（b）流动模式　　　　　（c）挤压模式

图 2.52　磁流变液器件的三种工作模式

剪切模式：如图 2.52（a）所示，磁流变液位于相对运动的两个板块之间，产生剪切阻力。阻力是由磁场引起的屈服力分量和黏性力分量的总和。

流动模式：如图 2.52（b）所示，磁流变液位于两个相对静止的板块之间，由于装置内的压力差，磁流变液流动。

挤压模式：如图 2.52（c）所示，磁流变液位于两个板块之间，两极相对移动。磁力线的方向与板块运动方向平行。磁极对磁流变液进行压缩，使其四处流动，产生挤压效应。

思考题

1. 压电材料有哪些种类？
2. 压电复合材料主要有哪三种？

3. 压电片如下图所示,极化方向朝正 3 方向,压电片 A1 和 A2 面分别受到两个方向朝外的力 F,请回答:①产生的正负电荷分别分布于哪两个面,并说明原因;②该例是利用了压电材料的哪个效应;③假设改变力 F 的方向,使其变为在厚度方向拉伸压电材料,产生的正电荷分布于哪个面,并说明原因。

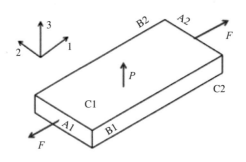

4. 压电片有两种电极形式,即均匀电极和叉指电极,分析两者的优劣?

5. 比较分析 AFC 和 MFC-d33 两种复合压电,指出不同之处,优劣如何?

6. 下图是形状记忆合金"应力-应变"曲线,请说明①～④区域分别代表什么阶段?

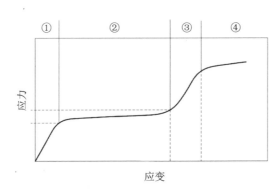

7. 根据马氏体、奥氏体相变过程的温度与相体比例,回答下图(a)(b)(c)的"应力-应变"关系,分别在什么温度范围发生,并说明原因。

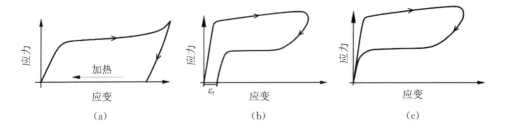

参考文献

[1] Peterlin A，Elwell J. Dielectric constant of rolled polyvinylidene fluoride [J]. Journal of Material Science，1967，2(1):1—6.

[2] Newnham R E，Cross L E. Symmetry of secondary ferroics [J]. Materials Research Bulletin，1974，9(7)：927—933.

[3] Williams R B，Park G，Inman D J，et al. An overview of composite actuators with piezoceramic fibers [C]// Proceedings of SPIE：The International Society for Optical Engineering，2002，4753：421—427.

[4] 徐志超，伍罕，张萌颖，等. 电流变液研究进展 [J]. 科学通报，2017，62(21)：2358—2371.

[5] Jolly M R，Carlson J D，Muñoz B C. A model of the behaviour of magnetorheological materials [J]. Smart Materials and Structures，1996，5(5)：607.

[6] Bossis G，Lemaire E，Volkova O，et al. Yield stress in magnetorheological and electrorheological fluids：a comparison between microscopic and macroscopic structural models [J]. Journal of Rheology，1998，41(3)：687—704.

第3章 智能结构基本形式

3.1 压电片状驱动

以片状形式作为传感或致动,是压电常用的基本形式,本节涉及的基于片状的驱动案例,大都出自文献[1—2]。

3.1.1 单片压电结构变形控制

片状压电材料驱动智能结构是压电材料最为常见的一种应用方式。以单片压电材料为例,如图 3.1 所示,上下两灰色层为电极层,其厚度极小,中间白色为压电陶瓷。图中箭头朝向表示电极的方向为从下往上,即上层为压电正极,下层为压电负极。若未作特殊说明,压电片的电极层不再单独画出。

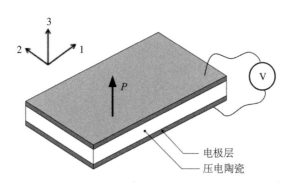

图 3.1　压电陶瓷片致动器

在两电极之间加载电压,若上表面为高电势,下表面为低电势,电场方向从高电势到低电势,这时压电片的极化方向与电场方向相反,结构在平面内方向上产生伸长变形,在厚度方向产生收缩变形;反之,如果上表面为低电势,下表面为高电势,这时压电片的极化方向与电场方向相同,结构在平面内方向上产生收缩变形,在厚度方向产生伸长变形。根据材料变形前后体积不变原理,可知平面内的变形幅度远远大于厚度方向的变形幅度。厚度方向的变形极小,可忽略不计。一般情况下,单片压电材料的极化方向沿厚度方向设置,这样可以产生平面内收缩或扩张变形。

上述的平面内收缩或扩张变形,利用的是压电 d31 或者 d32 效应,即在极化方向(3 方向)上加载电压,垂直于极化方向(1 或 2 方向)产生主要变形。又指电极大都利用压电的 d33 效应,即在极化方向上加载电压,极化方向产生主要变形。下标的第一个数字表示电压的加载方向,第二个数字表示结构产生变形的方向。一般而言,电压片的极化方向为 3 方向,平面内的方向为 1 和 2 方向。因此,3 方向加电场,产生 1 和 2 方向的变形,分别称为 d31 和 d32 效应。

3.1.2 双压电结构变形控制

单片压电材料不能产生弯曲变形。如果想让压电薄壁结构产生弯曲或扭转变形,则需要将压电片与基体材料结合。双压电片是常见的压电驱动结构,如图 3.2 所示,上下两层为压电材料,中间为基体材料。中间层基体材料可为金属或复合材料,或仅为黏结材料。

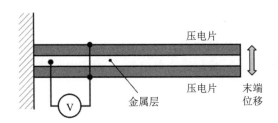

图 3.2　压电陶瓷双压电晶片致动器

假设双压电结构,上层极化方向朝上,下层极化方向朝下。规定电压正向加载时,压电片正极接高电势,负极接低电势(或接地);反之为电压负向加载。若上下两层压电片加载正向压电,如图 3.3 中示例 A 所示。由于上下两层压电材料形变一样,双压电结构平面内发生扩张变形。若上层压电片加载正向电压,下层压电片加载负向电压,如图 3.3 中示例 B 所示,上层压电片产生扩张变形,下层压电片产生收缩变形,双压电结构向下弯曲变形。

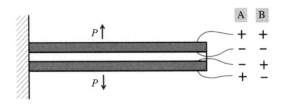

图 3.3　电压驱动双压电晶片悬臂梁(极化异向)

假设双压电结构上层极化方向朝上,下层极化方向也朝上。若上层加载正向电压,下层加载负向电压,如图 3.4 中示例 C 所示。上层压电产生扩张变形,下层压电产生收缩变形,结构向下弯曲。若上下两层压电都加载正向电压,两层压电片都产生扩张变形,结构整体产生扩张变形,如图 3.4 中示例 D 所示。

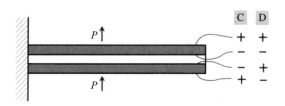

图 3.4 电压驱动双压电晶片悬臂梁(极化同向)

3.1.3 双压电传感结构

利用压电材料正效应,双压电结构也可以用作传感结构。如图 3.5 所示的悬臂梁,假设两个压电片的极化方向相反,在梁的端部加一个弯矩,使梁发生向上的弯曲变形,则上层压电片被压缩,下层压电片被拉长。由于上层压电片受到挤压缩短,且极化方向向上,上层压电片的上表面出现正电荷,下表面出现负电荷;下层压电片受到拉伸,长度伸长,且极化反方向向下,下层压电片的上表面出现正电荷,下表面出现负电荷。

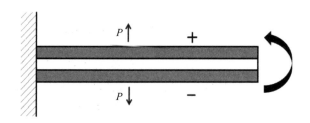

图 3.5 外力驱动双压电晶片悬臂梁变形产生电压

同样是三层对称结构,中间为压电层,上下两层为金属层,其材料参数与几何尺寸完全相同,如图 3.6 所示。这类结构既不能作为传感装置,也不能作为致动装置。原因在于,当对称结构发生弯曲变形时,压电表面产生的正负电荷相互抵消;当该类结构加电压载荷时,由于结构对称,其结构变形中面与压电层中心面重合,不能产生弯曲变形。变形中面为结构在发生变曲变形时,长度不变的一个假想平面,如图 3.7 所示。可以通过改变材料参数或几何尺寸,破坏结构的对称性,使结构变形中面与压电层中心面不重合。

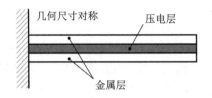

图 3.6　三层对称压电结构

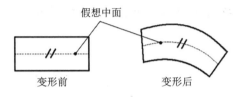

图 3.7　薄壁结构变形中面

3.1.4　RAINBOW 结构

　　RAINBOW 结构,全称为 Reduced and Internally Biased Oxide Wafers。此结构上层为压电陶瓷,下层为含碳金属材料的主结构,如图 3.8 所示。这两种材料在高温下完成贴合,由于两层材料的热膨胀系数不同,冷却后形成一个曲面。压电陶瓷层处于拉伸状态,下层金属处于压缩状态。在压电层上施加电压,结构的弯曲程度将发生改变,此时可作致动器。若结构受垂直于表面的力,结构发生弯曲变形,产生电荷,可作传感器。RAINBOW 结构置于平面可等效为两直边受到简支约束,容易产生弯曲变形。这类结构通常用作传感装置。

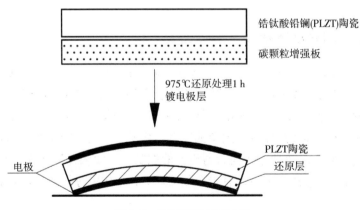

图 3.8　RAINBOW 致动器

3.1.5　THUNDER 结构

THUNDER 结构，全称为 Thin Layer Unimorph Ferroelectric Driver and Sensor，如图 3.9 所示。结构第一层为铝，具有较高的热膨胀系数；中间层（第三层）为压电陶瓷；最底层为不锈钢材料，具有较低的热膨胀系数；第二层和第四层为环氧聚酯材料，刚性较弱。在高温下黏结，由于上下两层热膨胀系数的差异，当温度降到室温时，结构发生弯曲。由于第一层铝材料比最底层钢的杨氏模量低很多，因此结构的中性面靠近不锈钢层，与压电层的几何中面不重合，可以实现弯曲变形。

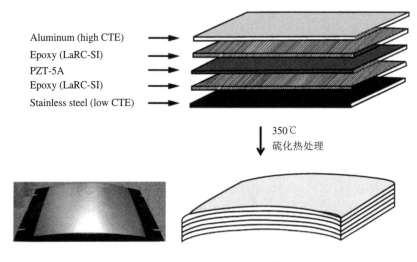

图 3.9　THUNDER 致动器

3.1.6　LIPCA 轻型驱动结构

LIPCA 结构，全称为 Lightweight Piezoelectric Composite Actuator，是 THUNDER 结构的改进形式[1]。其中部分或全部金属层被纤维增强复合材料层取代，以减少重量，如图 3.10 所示。与 THUNDER 结构不同的是，LIPCA 结构的制作过程没有经过高温，即不产生弯曲变形。结构由多层材料，即聚酯材料、复合材料、压电材料组成，主要用于飞行器机翼的控制。下面四种类型的轻型压电复合结构，中性面与压电片的中心具有一个偏心距，在压电片的驱动下，结构发生弯曲变形。

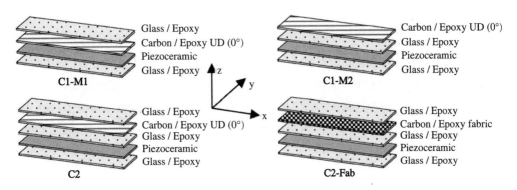

图 3.10　LIPCA 致动器[3]

3.1.7　双倍扩大致动器

图 3.11 为以双压电片为基础的双倍扩大驱动器,两侧柱状为双压电片驱动器,灰色部分为压电片,中间白色的部分为基体金属结构。这种结构利用双压电结构弯曲变形,控制上部 V 字形结构,产生输出位移。双压电片梁产生向左或者向右的弯曲变形,当两侧的压电梁同时向外弯曲时,上部结构拉伸,产生向下的运动。当两侧的压电梁同时向左弯曲时,上部结构向左移动。当两侧的压电梁同时向右弯曲时,上部结构向右移动。

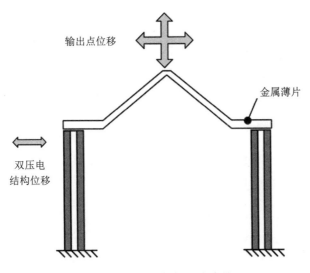

图 3.11　双倍扩大致动器

3.1.8 半圆形串联压电结构

图 3.12 所示 C-Block 致动器为半圆形串联压电结构,极化方向为径向方向,在厚度方向加电压,环向方向伸长或者缩短。当右侧压电壳体沿环向方向伸长,左侧压电壳体缩短,整体结构向左侧发生弯曲变形;反之,产生右侧弯曲变形。压电片串联越多,结构弯曲就越大。当右侧和左侧的压电壳体同时伸长或者收缩,结构发生伸长或收缩变形。该结构的主要变形不是伸长或收缩,而是环向的弯曲变形。

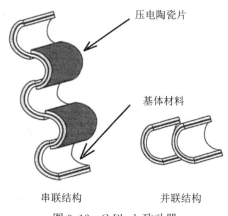

图 3.12 C-Block 致动器

3.1.9 扭转致动器

扭转致动结构是利用压电材料 d14、d15 效应。压电片的极化方向沿轴向方向,电场加载方向为环向,压电片的极化方向与电场方向垂直,极化方向在相邻段之间交替,结构产生剪切变形。对于多片片状压电构成的圆柱结构,如图 3.13 所示,加电压后,若一端固定,每一块产生切向变形,该圆柱形压电结构最终产生一个

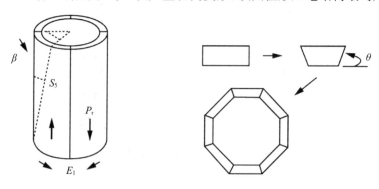

图 3.13 基于压电剪切变形的扭转致动器

扭转。与纯弯曲驱动相比,产生纯扭转驱动(航空航天应用中经常需要)更具挑战性。在外部扭矩载荷作用下,致动器的性能不会下降,径向预应力提高了致动器的机械强度。这种致动器的一个主要缺点是初始极化时需要的电场较大。

3.2 压电堆叠驱动

压电堆叠器是压电另一种常用的应用形式,本节介绍的基于压电堆叠的案例多数来自文献[1-2]。如图 3.14 所示为一个压电块,与压电片有所不同,其厚度相对于长宽来说相差不大,d31、d32 和 d33 效应同等重要。由于 d33 的系数要比d31、d32 大,因此块状的压电结构主要利用 d33 效应。

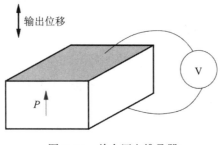

图 3.14 单个压电堆叠器

堆叠器由多个压电块串联组成,如何设置每个压电块的极化方向以及电压加载的方向非常重要。压电块的极化方向分为两种,如图 3.15 所示:一种为所有电极都朝上或朝下;另一种为上下交替电极。第一种电极都朝上或朝下,两个压电块之间要有绝缘的部分将正负电压隔开,才能实现整个结构的加载,如图 3.16(a)所示。第二种为叉指电极,两个压电块中间的电极面可以共享,如图 3.16(b)所示。其电场的方向与压电极化方向相同或者相反,压电堆叠器可以发生伸长或者缩短变形。

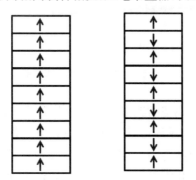

(a) 电极都朝上(或朝下)   (b) 上下交替电极

图 3.15 压电堆叠器的极化配置方式

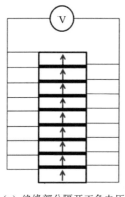
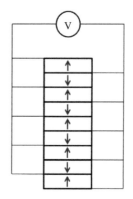

（a）绝缘部分隔开正负电压　　　　　　　　　（b）电极面共享

图 3.16　两种极化配置下的电场加载方式

3.2.1　压电陶瓷堆叠致动器

为了增加致动力,可以使用压电堆叠致动器,如图 3.17 所示。压电堆叠器由大量压电块以串联方式堆叠而成,采用交错电极,产生向右的推力,结构利用的是 d33 效应。这些器件产生的自由位移很小,但驱动力却比压电薄片大得多。该压电致动器自由位移 15 ～ 250 μm,推力可达 1 000 N 以上,频率可达 20 kHz。由于两个压电块中间是通过黏结形式连接,中间材料的杨氏模量较低,且边界界面力学性能差,加载拉应力会导致分层损伤,因此这类压电堆叠结构不能用于拉应力工况。

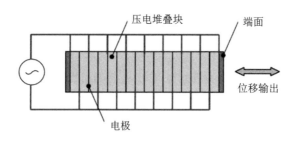

图 3.17　压电陶瓷堆叠致动器

将上述压电陶瓷堆叠器进行封装,并在顶部添加一个弹簧装置,如图 3.18 所示,使压电堆叠结构有一个预压力,该结构可以在电压加载下伸长,卸载后能够快速恢复初始形状而不使结构受拉。如果有必要改变预压力,可以使用机械螺丝调整预应力。套管不仅保护堆叠器免受机械冲击和环境破坏,还提供了在堆叠器上施加预应力的可能性,使压电堆叠器维持受压状态。

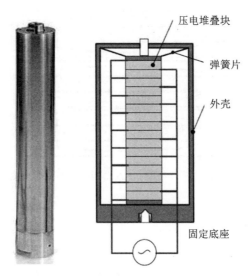

图 3.18　预应力堆栈致动器

3.2.2　Moonie 致动器

　　Moonie 名字直接来自金属端盖和压电陶瓷板之间的月亮形状空间。压电陶瓷金属盖的基本复合圆形结构如图 3.19 所示。每个金属帽具有不同的厚度,在内表面上有一个浅的月牙形状,并围绕圆周与活动盘材料结合。两个金属端盖充当行程放大器(弯曲拉伸),将压电陶瓷的横向运动转换为垂直于端盖的轴向位移。设计中的一个关键元素是端盖中间为弱刚度结构,等效于铰链结构,具有一定的旋转自由度,这种结构称为柔性铰链。端盖和陶瓷驱动盘之间的黏结层承受着巨大的剪应力,容易发生应力集中。Moonie 致动器可以产生比双压电片致动器更大的致动力,比叠层致动器更大的位移。结构中间部分的变形最大,主要变形为向内收缩,串联后如图 3.20 所示,实现微小位移下的推进。

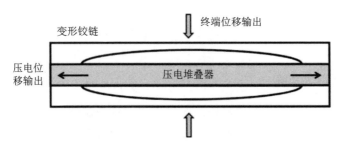

图 3.19　Moonie 致动器原理图

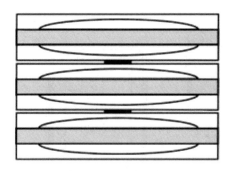

图 3.20　三个 Moonie 致动器串联堆叠原理图

3.2.3　Cymbal 致动器

Cymbal 致动器为改进的 Moonie 致动器,如图 3.21 所示。该致动器具有更高的效率、更大的位移和驱动力。采用新的端帽设计,减弱了黏结层处的应力集中。新形状的尾冠看起来更像乐器钹,因此得名。Cymbal 比 Moonie 薄,可以很容易地使用冲孔/模具制造等实现大批量生产。然而,Moonie 致动器的位移是通过端盖的弯曲作用产生的,Cymbal 的位移是柔性铰链弯曲产生平动,这样产生的位移被进一步放大。Moonie 结构和 Cymbal 结构在汽车和航空工业中有巨大的应用潜力。此外,它们还可以用作微定位器,满足小尺寸和快速响应的场景,也可应用于光学扫描仪和高密度存储驱动器。

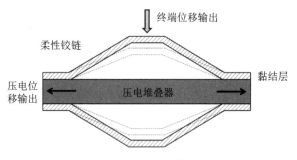

图 3.21　Cymbal 致动器

3.2.4　液压放大系统

在许多实际应用中,需要利用外部机构放大致动器的微小位移。放大机构一般可分为两类:流体型和机械型。通常,流体的方法使用两个不同直径的圆柱体来提供所需的冲程放大,如图 3.22 所示,这种方法可以提供比一般机械放大器更高的放大倍数。由于工作流体的可压缩性、液压腔的柔性,以及流体黏度引起的摩擦损失,导致结构刚度受限。机械放大装置用位移来交换力,但对功率传输效率和能量密度有不利影响,尤其是在高放大系数下。

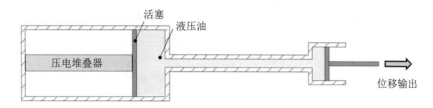

图 3.22　液压放大系统

3.2.5　带刀口铰链的单级放大

使用紧凑杠杆系统的机械放大装置,常常会导致传递效率的损失和刀口的滑动。图 3.23 显示了一个单级机械联动放大系统。由于机械损失和刀口的滑动,测量到的行程远低于预测值。压电堆叠器主要产生向上的推力,这时输出杆件向下运动。为了使压电堆叠器在工作过程中始终受压,需对弹簧施加预压力。

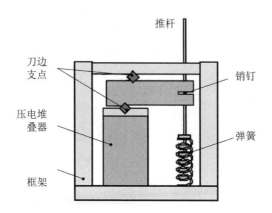

图 3.23　带刀口铰链的单级放大系统

3.2.6　双杠杆致动器(L－L)

为了克服销孔连接放大机构的机械损失,可使用柔性铰链。带有弯曲的双杠杆放大压电驱动装置如图 3.24 所示。利用柔性铰链的方法需要设计来优化机构,但是弯曲处储存的应变能降低了驱动效率。

双杠杆致动器放大机构具有高放大因子和低能量损耗水平,其原理如图 3.25所示。该致动器是两套杠杆机构和一个弹性连杆(柔性铰链)的组合。压电堆叠的

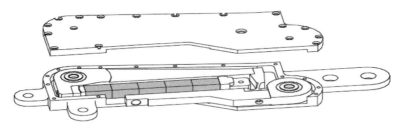

图 3.24　带弯曲的两级放大压电驱动装置

行程由低放大系数的内杠杆放大,然后再由外杠杆放大。两个杠杆支点通过弹性连杆串联起来,力从一个杠杆传递到另一个杠杆。柔性铰链的弯曲也对压电堆叠器施加回复力和预紧力。与两端有销连接的刚性轴向构件相比,柔性铰链没有销联接的机械损失。通过串联两个杠杆机构,可以获得高放大比,同时允许适度的驱动损失。双杠杆致动器的优点是,首先为平面结构,其次具有进一步提高放大系数的潜力,最后内置柔性铰链的压电堆叠预加载机构易于结构分析和优化。

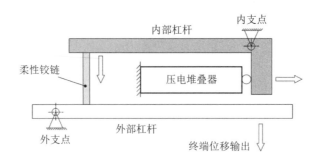

图 3.25　L-L 放大机理示意图

力的传递路线是影响输出效率的主要原因之一,作用线直接取决于铰链的位置。以两种放大机构为例:由图 3.26(a)得到的力,与竖直方向的力之间有一个夹角,而一般需要的是竖直方向的力,因此就造成了输出力的损失;图 3.26(b)的铰链的配置方案解决了这个问题。图 3.27 是铰链和压电堆叠器对位移传递的影响。图3.27(a)结构有损失的位移,图 3.27(b)对此进行了改进,高效地利用了输出位移。

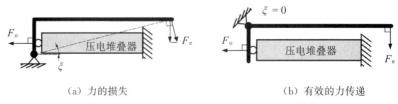

（a）力的损失　　　　　　　　　　　（b）有效的力传递

图 3.26　铰链的对准和作用线对力传递的影响

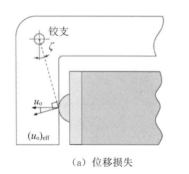 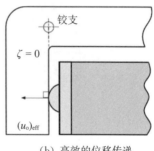

（a）位移损失　　　　　　　　　　　（b）高效的位移传递

图 3.27　铰链和压电堆叠器对位移传递的影响

3.3　磁电层合结构

1972 年,荷兰学者 Van Suchtele 首次将铁磁和铁电相组合制备了磁电复合材料。因为磁致伸缩材料具有明显的力-磁耦合特性,压电材料具有力-电耦合特性,两者结合而成的磁电复合材料可以有效实现正/逆磁电转换。作为一种新型先进功能复合材料,磁电复合材料的出现掀起了磁电研究的热潮。研究表明,多铁性磁电复合材料都具有铁磁、铁电、铁弹等特性。此外,由于铁电材料的极化以及铁磁材料的磁化之间会有相互耦合作用而呈现新的功能,这些特性极大地激发了其在工业信息化领域的应用潜力。随后,基于磁电复合材料的一系列功能器件(传感器、能量收集器、倍频器、磁电存储器、微波器件、医学器件等)被设计出来,并在实际工程领域得到广泛的应用。近年来,压电材料以及磁致伸缩材料构成的层状磁电复合结构,由于制备简单、成本较低、性能更稳定且在室温下工作等优点,极大地促进了其在现代社会各行各业中的应用。

3.3.1　磁致材料驱动梁结构

图 3.28 为在磁场下的磁致伸缩材料,通过线圈产生磁场作用于磁致伸缩材料。磁致伸缩板置于线圈几何中心,其长度方向与线圈轴向平行。磁致伸缩材料在外界磁场的作用下,其长度和体积会发生变化;反之,当材料发生变形或受力时,材料内部的磁场也会随之发生变化,通过线圈的磁通量发生变化,进而产生电流。磁致伸缩效应可分为线磁致伸缩和体积磁致伸缩,其中长度发生变化称为线磁致伸缩,体积的变化称为体积磁致伸缩。在绝大部分磁性体中,体积磁致伸缩变化量很小,实际的用途也很少,因此针对磁致伸缩材料的大量理论和应用研究主要集中在线磁致伸缩领域。

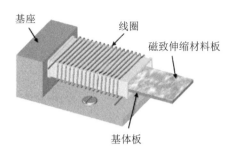

图 3.28　磁致伸缩材料[4]

3.3.2　三层磁电层合结构

如图 3.29 所示,上下两层为磁致伸缩材料 Terfenol-D,中间层为压电材料 PZT 的三层磁电层合结构。三层磁电结构中,Terfenol-D 沿着长度方向发生磁化,PZT 沿着厚度方向发生极化,施加平行于长度方向的磁场 H 时,产生磁电转换。在沿磁电层合结构的长度方向施加磁场 H 后,Terfenol-D 层由于磁致伸缩效应会产生应变,沿长度方向伸长或收缩;由于 PZT 和 Terfenol-D 是通过界面耦合在一起的,所以磁致伸缩应变会传递到 PZT 层,由正压电效应输出电场,最终实现"磁-电"转换。Zhao 等[5]研究发现,Terfenol-D/ PZT/Terfenol-D 三层复合材料在 $100\sim125$ kHz 的交变磁场下,磁电系数随静磁场的变化曲线出现双峰现象。

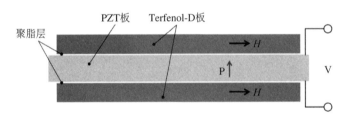

图 3.29　三层磁电层合结构[5]

3.3.3　嵌入式磁电结构

清华大学方菲课题组[4-5]设计了一种如图 3.30 所示的嵌入式磁电结构,先将磁致伸缩材料镍板切孔,然后将压电材料 PZT 嵌入,组成嵌入式结构的磁电材料。镍板沿着长度方向发生磁化,而 PZT 沿着厚度方向发生极化。由于镍的压磁系数为负,在水平方向施加磁场作用,会发生收缩,从而对嵌入的 PZT 产生压应力,由正压电效应输出电场;相反,对压电材料施加电场,压电材料会扩张,作用于磁致伸缩材料,产生额外磁场,最终实现"磁-电"转换。

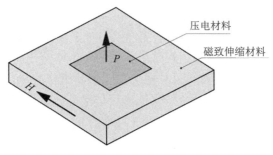

图 3.30　嵌入式的磁电结构[6-7]

3.4　SMA 复合结构

形状记忆合金(SMA)是热致变形的智能材料,具有独特的形状记忆效应和超弹性相变,在结构的主动变形控制方面有着良好的性能与巨大应用潜力。研究 SMA 驱动主动变形结构,对于正确设计自适应机翼,实现机翼或旋翼的形状自适应控制具有重要的意义。

3.4.1　SMA 纤维板结构

形状记忆合金是智能复合材料中最先应用的一种驱动元件,可以实现多种变形,变形量大,易于和基体耦合,弹性模量随相变状态的不同而变化,受限回复时可以产生很大的回复力。因此,将形状记忆合金与复合材料相融合,通过形状记忆合金独特的力学和物理行为,使形状记忆合金复合材料结构满足自适应的设计要求。

针对航空航天技术发展中急需研究的抑制应力集中这一技术问题,考虑到形状记忆合金所具有的形状记忆效应,将其作为智能材料组元埋入复合材料层合板中,如图 3.31 所示。利用形状记忆合金的受限回复力来改变损伤危险邻近区域的应力分布,降低应力集中程度,从而使结构具有抑制应力集中的自适应控制能力。

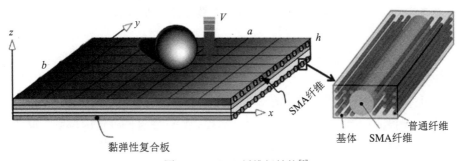

图 3.31　SMA 纤维板结构[8]

3.4.2 SMA 纤维驱动波纹板结构

SMA 纤维驱动波纹板结构由镍钛形状记忆合金带、不锈钢波纹板以及中间层不锈钢板组成,如图 3.32 所示。最外层为镍钛形状记忆合金带,镍钛形状记忆合金与中间层板之间的夹层为波纹板,镍钛形状记忆合金以离散点的形式与波纹板结构连接。以中间层板为对称面构成完全对称的"三明治"式结构,其中镍钛形状记忆合金充当驱动元件,在热载荷作用下可以产生很大的回复力,驱动结构进行主动变形;波纹板结构的选用可以大大减轻整体结构的质量,同时能够承受一定的载荷,中间层合板增加了结构的刚度。该结构具有质量轻、效率高、在热载荷作用下能进行可逆形状改变,具有一定的承载能力,集结构与变形功能于一身等优越性能,有望取代现有结构与驱动源分离的系统,广泛应用于航空、航天、机器人等领域。

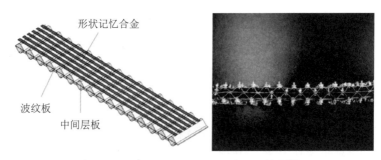

图 3.32　SMA 驱动主动变形波纹板结构[9]

3.4.3 SMA 差动式驱动器

差动式双程驱动器由两个热特性相反的 SMA 弹簧组成:一个为热弹簧,其输出位移与温度成正比;另一个为冷弹簧,其输出位移与温度成反比。当温度升高时,热弹簧遇热伸长而冷弹簧遇热收缩,推动驱动器整体向右移动;当温度降低时,热弹簧遇冷收缩而冷弹簧遇冷伸长,推动驱动器整体向左移动,从而实现驱动器的反复来回作动。

根据这一原理,Guo 等[10]利用形状记忆合金弹簧设计了一款自适应温控冷板,可应用于航天器在轨服务模块化热控制系统,工作原理如图 3.33 所示。该温控冷板通过将两个驱动特性相反的形状记忆合金弹簧组合,从而构成一个差动式驱动器,用于控制冷板进水口流量,实现了对冷板整体温度的自适应调节。设计良好的自适应热控制冷板模块,能够有效实现流量和温度的自主调节,为实现航天器在轨服务模块化自适应热管理提供了可能。

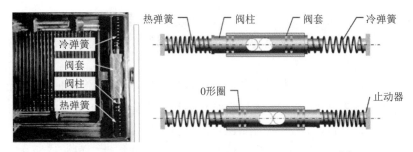

图 3.33 自适应温控冷板及其形状记忆合金工作原理[10]

3.4.4 SMA 多稳态变形单元

巴西航空理工学院的 Sales 等[11]利用形状记忆合金丝和磁体设计了一种可实现多稳态的变形单元,结构如图 3.34 所示。实际上这是一个两部分组成的柔性接头,由 SMA 金属丝及磁体连接。通过加热其中一根 SMA 丝使之变短从而带动部件旋转,当两磁体接触时即可达到一个稳定状态。根据这一原理,此柔性接头有三个稳定状态。

该变形机构的优点在于,结构设计简单,原理便于实现,利用磁体之间的吸引可增强变形单元达到稳态时的稳定性。需要注意的是,磁体选用不当可能导致较长工作周期之后 SMA 金属丝断裂。

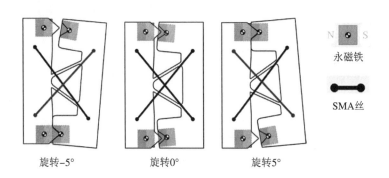

图 3.34 SMA 驱动的变形单元结构[11]

3.5 智能结构集成设计

智能材料是智能器件与结构的基础,许多材料本身就具有某些"智能"特性。某些材料的性质如颜色、形状、尺寸、力学性能等能随环境或使用条件的变化而改变,因而这些材料具有识别、诊断、学习和预见的能力,某些材料甚至具有对环境自适应、自调节、自维修的功能。目前可用于智能器件与结构的智能材料主要有形状记忆材料、压电材料、电/磁流变液材料、磁致伸缩材料、凝胶材料、聚合物基"人工肌肉"、自组装材料、光纤等。

一般来说,单一材料很难同时具备上述各种特性,通常要将多种材料复合,与主体承载结构融为一体,构成智能材料结构系统。智能材料与结构的研究往往不是研制单独一种材料,而是根据需要在基体材料中埋入某些具有一种或多种智能特性的新材料或器件,从而使材料与结构系统具备智能特性。智能特性往往不是在单一材料中予以表现,而是在最终的结构体系中才得以展现。智能结构是将传感元件、驱动元件和控制元件与基体材料结构结合或融合(包括嵌入)形成的一种"材料-功能-结构"一体化的智能结构。

智能结构可用在飞机机翼上,根据飞行条件的不同发生弯曲变形,始终保持最佳巡航效率;用在大型结构和建筑物上,可以在全寿命期内实时监测自身健康状况和损伤位置;用于自主导航,用来收集地面信息,侦察和对目标的实时精确定位,能达到载人飞机所不能达到的效果;用于卫星天线发射器的自适应结构,可实时地将与理想状态的偏差信号发送出去,然后计算出所要求的控制信号,并将控制信号传送到驱动器,驱动器动作使发送器恢复到原始轮廓,故有很高的热稳定性和可实现高效控制;用于分布式机器人和智能仿生结构,能作用于自身和环境,以及能对环境作出反应的物体或抽象体,是具有自主性、主动性、社会交换性及反应性的对象模型。

思考题

1. 一双压电片构成的悬臂梁结构,如下图所示,上层和下层压电片极化方向都朝下,结构上表面和下表面分别加载 100 V 电压,两压电片中间电极接地,问该悬臂梁结构发生什么变形,请说明原因。

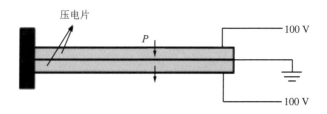

2. 一个压电堆叠器由五个块状压电材料构成,极化方向如下图所示,若在每个块上加载 10 V 电压,请问如何连线?

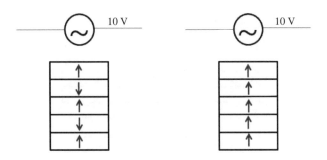

3. 下图是一个采用压电堆叠器的放大机构,通过分析,试回答:①机构中哪个是力的产生部件;②哪个是放大后的位移输出部件;③分析位移的传递方向,在方框中画出;④弹簧预压力的作用是什么?

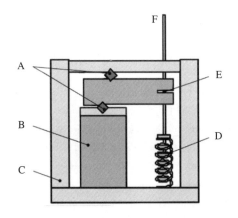

4. 下图是一个典型压电结构,问:①图中五层结构,哪一层作为主承载层;②如果第五层为铝,结构完全对称,是否可以产生弯曲变形,并说明原因;③最终结构变成一曲面状,原因是什么;④结构变成曲面状的优势有哪些,列举2～3条。

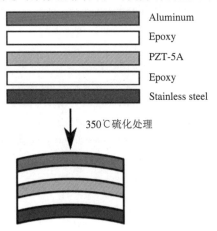

5. 下图是一个压电堆叠放大机构，①指出压电片的位置；②画出 A、B 两个结构的受力图。

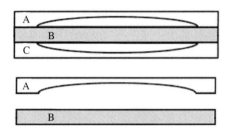

参考文献

［1］ Chopra I，Sirohi J. Smart structures theory ［M］. Cambrige：Cambrige Universiy Press，2014.

［2］ Chopra I. Review of state of art of smart structures and integrated systems ［J］. AIAA Journal，2002，40(11)：2146－2187.

［3］ Haris A，Goo N S，Park H C，et al，Modeling and analysis for the development of lightweight piezoceramic composite actuators (LIPCA) ［J］. Computational Materials Science，2004，30：474－481.

［4］ Wang L，Yuan F G. Energy harvesting by magnetostrictive material (MsM) for powering wireless sensors in SHM ［C］//2007 SPIE/ASME Best Student Paper Presentation Contest SPIE Smart Structures and Materials & NDE and Health Monitoring，14th International Symposium (SSN07)，2007.

［5］ Zhao C P，Fang F，Yang W. A dual-peak phenomenon of magnetoelectric coupling in laminated Terfenol-D/PZT/Terfenol-D composites ［J］. Smart Materials & Structures，2010，19(12)：125004.

［6］ Jing W Q，Fang F，Yang W. Enhanced magnetoelectric coupling for embedded multiferroic composites via planar compressive stress ［J］. Smart Materials and Structures，2014，24(2)：025014.

［7］ Fang F，Xu Y T，Zhu W P，et al. A four-state magnetoelectric coupling for embedded piezoelectric/magnetic composite ［J］. Journal of Applied Physics，2011，110：084109.

［8］ Shariyat M，Mozaffari A，Pachenari M H. Damping sources interactions in impact of viscoelastic composite plates with damping treated SMA wires，using a hyperbolic plate theory ［J］. Applied Mathematical Modelling，2017，43：421－440.

［9］ 王晓宏. 形状记忆合金驱动主动变形结构的设计与制作 ［D］. 哈尔滨：哈尔滨工业大学，2006.

［10］ Guo W，Li Y H，Li Y Z，et al. A self-driven temperature and flow rate co-adjustment mechanism based on shape-memory-alloy (SMA) assembly for an adaptive thermal control coldplate module with on-orbit service characteristics ［J］. Applied Thermal Engineering，2017，114：744－755.

［11］ Sales T D，Rade D A，Inman D J. A morphing metastructure concept combining shape memory alloy wires and permanent magnets for multistable behavior ［J］. Journal of the Brazilian Society of Mechanical Sciences and Engineering，2020，42(3)：122.

第4章　智能结构计算与仿真

4.1　有限元方法简介

有限元分析(Finite Element Anlaysis，FEA)方法是随着电子计算机的发展而迅速发展起来的一种现代数值计算方法，于20世纪50年代首先应用在连续体力学领域中，如飞机结构静态、动态特性分析。随后广泛地应用于求解热传导、电磁场、流体力学等连续性问题。

在工程分析和科学研究中，常常会遇到大量由常微分方程、偏微分方程及相应边界条件描述的场问题，如位移场、应力场和温度场等。求解这类场问题的方法主要有两种：解析法求精确解、数值方法求近似解。能用解析法求出精确解的问题一般比较简单且几何边界相当规则。对于绝大多数问题，很少能得出解析解，这就需要采用数值方法求出近似解。工程中实用的数值方法主要有：有限差分法、有限元法、边界元法、无网格法和等几何法，其中有限元法通用性好、求解效率高，在工程中的应用最为广泛。相比较于传统设计方法(见图4.1)，依靠有限元的现代设计方法(见图4.2)更能确保最后产品的可靠性，并且可极大地节约实验成本和缩减研发周期。

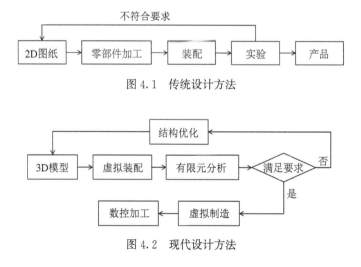

图 4.1　传统设计方法

图 4.2　现代设计方法

4.1.1 有限元方法的发展简史

早在 1870 年,英国科学家 Rayleigh 就采用假想的"试函数"来求解复杂的微分方程。1909 年,Ritz 将其发展成为完善的数值近似方法,为现代有限元方法打下坚实基础。

1943 年,Richard Courant 从数学上明确提出有限元的思想,发表了第一篇使用三角形区域的多项式函数来求解扭转问题的论文,但由于当时计算机尚未出现,并没有引起应有的注意。后来,人们认识到了 Courant 工作的重大意义,并将 1943 年作为有限元法的诞生之年。

1955 年,德国出版了第一本关于结构分析中的能量原理和矩阵方法的专著,为后续的有限元研究奠定了重要的基础。1956 年,M. J. Turner(波音公司工程师)、R. W. Clough(土木工程教授)、H. C. Martin(航空工程教授)及 L. J. Topp (波音公司工程师)等共同在航空科技期刊上发表了一篇采用有限元技术计算飞机机翼强度的论文《Stiffness and Deflection Analysis of Complex Structures》,系统研究了离散杆、梁、三角形的单元刚度表达式,并把这种解法称为刚性法。一般认为这是工程学界上有限元法的开端。

1960 年,美国 R. W. Clough 教授在美国土木工程学会(ASCE)之计算机会议上,发表了一篇处理平面弹性问题的论文《The Finite Element in Plane Stress Analysis》,将有限元法应用范围扩展到飞机以外的土木工程上,同时有限元法(Finite Element Method,FEM)的名称也第一次被正式提出。

1967 年,O. C. Zienkiewicz 教授和 Cheung 出版了世界上第一本有限元法著作——《The Finite Element Method in Structural Mechanics》,后来与 Taylor 改编出版《The Finite Element Method》一书,是有限元领域最早、最著名的著作。

1970 年以后,随着计算机技术的飞速发展,有限元法中人工难以完成的大量计算工作能够由计算机来实现并快速地完成。基于有限元方法原理的软件大量出现,并在实际工程中发挥了愈来愈重要的作用。目前,专业的有限元分析软件公司有几十家,国际上著名的通用有限元分析软件有 ANSYS 和 ABAQUS 等,还有一些专门的有限元分析软件,如 FELAC、DEFORM 等。1972 年 Oden 出版了第一本关于处理非线性连续体的专著。

自从提出有限元概念以来,有限元理论及其应用得到了迅速发展。发展至今,已由二维问题扩展到三维问题、板壳问题,由静力学问题扩展到动力学问题、稳定性问题,由线性问题扩展到非线性问题。

4.1.2 商用有限元软件介绍

在智能制造的今天,从自行车到航天飞机,所有的设计制造都离不开有限元分析计算,有限元方法在工程设计和分析中将得到越来越广泛的重视。早在 20 世纪 50 年代末、60 年代初,国际上就投入大量的人力和物力开发具有强大功能的有限元分析程序,其中最为著名的是由美国国家宇航局(NASA)在 1965 年委托美国计算科学公司和贝尔航空系统公司开发的 NASTRAN 有限元分析系统。该系统发展至今已有几十个版本,是目前世界上规模最大、功能最强的有限元分析系统。

除了美国的 NASTRAN 有限元分析系统,同时还出现了许多大型结构分析通用软件,如德国的 ASKA,英国的 PAFEC,法国的 AYATUS,美国的 ABAUS、ADNA、ANSYS、BERSAFE、BOSOR、COSMOS、ELAS、MARC、STARNYNE 等。下面仅介绍几种当前比较流行的有限元软件。

(1) MSC/NASTRAN

MSC 是一款被广泛应用于力学仿真领域的有限元分析软件。MSC 提供多学科仿真解决方案,包括结构力学、流体力学、热传导等。其强大的前后处理器可以处理复杂的几何模型,并具备丰富的后处理功能。MSC 还支持优化和鲁棒性分析,用户可以通过设置设计变量和目标函数来优化设计方案,并进行敏感性和可靠性分析。特有的仿真模块包括 Dytran、Marc 和 Digimat,适用于爆炸动力学仿真、非线性有限元分析和复合材料建模。MSC 适用于航空航天、汽车工程、船舶工程、电子设备等多个领域,为用户提供全面的多学科仿真解决方案。

(2) ANSYS

ANSYS 工程仿真套件被广泛应用于结构力学、流体力学、电磁学等领域。ANSYS 支持多物理场耦合分析,如"流-固"耦合、"热-固"耦合等,可以更准确地模拟真实世界中的多物理现象。ANSYS 具备强大的并行计算能力,可以利用多核处理器和集群系统加速仿真计算,提高计算效率。其友好的用户界面配备丰富的预处理和后处理工具,使得用户能够快速建立模型、设置仿真参数,并对仿真结果进行可视化分析。特有的仿真模块包括 Fluent、Mechanical APDL 和 Maxwell,适用于流体力学分析、结构力学分析和电磁场分析。ANSYS 适用于航空航天、汽车工程、能源行业、电子设备等多个领域,拥有强大的多物理场耦合分析能力和并行计算能力。

(3) ABAQUS

ABAQUS 为一款主要用于结构和固体力学仿真领域的有限元分析软件。ABAQUS 能够准确高效地处理涉及大变形、弹塑性材料和接触的非线性仿真分析,适用于复杂结构的模拟和优化。软件通过耦合单元或自定义单元实现多物理场分析,如结构力学、流体力学、热传导和电磁场等,可用于模拟多学科现象。同时ABAQUS 允许用户通过编写自定义子程序来实现特定的材料模型或加载条件,扩展了软件的功能和适用范围。ABAQUS 适用于航空航天、汽车工程、能源行业和消费品制造等多个领域,具有处理大变形和非线性问题的能力以及多物理场耦合分析的功能。

(4) COMSOL

COMSOL Multiphysics 是一款面向工程和科学领域的多物理场仿真软件。它支持自由度灵活的多物理场耦合分析,用户可以自由选择并组合不同物理场进行仿真。COMSOL 提供丰富的建模工具,包括几何建模、网格生成和物理场设置等,便于用户快速构建复杂的仿真模型。与 MATLAB 的紧密集成使用户可以通过 MATLAB 脚本进行参数扫描、优化和自动化仿真。特有的仿真模块包括 AC/DC 模块、光学模块和化工模块,适用于电磁场分析、光学系统分析和化工工程分析。COMSOL 适用于电子设备、生命科学、化工和材料科学等交叉领域,具有灵活的多物理场耦合分析能力和与 MATLAB 的集成特点。

4.1.3 典型工程问题的有限元求解流程

在一个特定的工程系统中,存在许多物理问题。首先需对工程系统中很多物理现象建立相应的有限元数学模型,进行分析验证和结果处理,根据分析结果对原有问题进行优化。常见的工程问题可归结为弹性力学问题、热传导问题、流体力学问题和电磁场问题,如表 4.1 所示,不同问题的表现形式和求解方式也不同。

表 4.1　常见的物理问题

问题	属性	表现形式	力场
弹性力学	刚度	位移	应力场
热传导	热传导率	温度	温度场
流体力学	黏度	速度	流体场
电磁学	介电常数	电磁	电磁场

对于一个工程系统,几何形状或求解区域通常是非常复杂的,而且边界和初始条件也很复杂。因此,一般来说用解析方法求解控制微分方程是很困难的。实际上许多问题都是使用数值的方法来求解,由于有限元法有很强的实用性和通用性,区域离散的有限元法在众多数值方法中是最受欢迎的。通常使用有限元法进行计

算模拟,首先需建立分析模型,然后进行数值计算,最后进行结果处理与展示,其过程如图 4.3 所示。

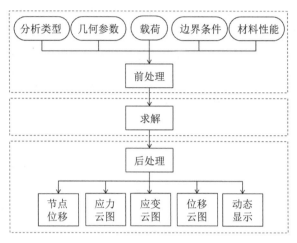

图 4.3　有限元分析过程

（1）建立几何模型

对于简单几何模型可利用有限元软件直接建立分析模型,对于复杂几何模型常采用 UG、Solidworks 等第三方 CAD 软件。真实的结构、构件或区域一般都是很复杂的,还需要抽象出易于处理的几何模型。通常,点可以通过简单的键入坐标方式生成,连接点或节点可以生成直线或曲线,连接、旋转、平移已有直线或曲线可以生成面,实体可以通过连接、旋转、平移已有的面来生成。点、线、面、体都可以通过平移、旋转或反射来生成新的点、线、面、体。

（2）定义材料模型

完成几何模型创建之后,需要创建相应部件的材料参数。模拟不同的现象,需要定义不同的材料性质。例如,对于固体和结构中的弹性力学问题,需要定义弹性模量和剪切模量,而对于热分析就需要定义热传导系数,若是流体力学问题需考虑流体黏度,电磁场问题需考虑介电常数等参数。

材料常数通常可直接输入前处理器中,分析者需要做的是键入这些材料常数并指定数据适用于几何物体中的哪个区域或哪些单元。获得这些材料性质并不容易,尽管有些商业软件存在可供选择的材料数据库,但要准确确定结构所使用的材料属性通常需要进行试验或理论公式推导。如黏弹性阻尼材料的复剪切模量,点阵结构的等效杨氏模量、等效剪切模量、等效密度等。

（3）选择分析步

分析不同的问题需要选择不同的分析步,如静力学分析、动力学分析、瞬态温度/位移耦合分析、疲劳分析等。

静力学分析主要用来分析结构在给定静载荷下的响应。一般比较关注的是结构的位移、约束反力、应力以及应变等。若结构发生变形相对较大,线性结果不能满足计算精度时,需要考虑结构的几何非线性变形。动力学分析不同于静力学分析,常用来确定时变载荷对整个结构或部件的影响,同时还要考虑阻尼及惯性效应的作用。瞬态温度/位移耦合分析主要解决力学和热响应及其耦合问题。疲劳分析可根据材料特性和结构受载情况统计,进行生存力分析和疲劳寿命预估。

（4）边界条件与载荷

对于一个分析问题,如果包括多个零部件或多个物理场耦合,需要考虑部件间相互作用,即接触处理,比如摩擦系数、可否分离等。结合实际情况对整体结构施加边界条件,典型边界类型有固支、铰支、简支等。载荷施加包括面力、集中力、热载荷、电场载荷等。

（5）网格划分

网格划分就是将几何形状离散成名为单元的小块。因为工程问题的解是非常复杂的,通常在问题的整个区域中,函数的变化是不可预知的。如果将问题的区域用一组节点或网格划分成一些小的单元,则在每个单元内的解就可以用简单函数,如使用多项式来近似。这样,所有单元的解就构成了所求问题的整个区域的解。

网格划分是有限元仿真过程中重要的一环,若网格尺寸太大,会直接影响仿真结果精度;若网格尺寸太小,会大大增加结构有限元模型的自由度,耗费大量计算资源。为了平衡网格数量和计算精度之间的关系,网格收敛性验证是必不可少的。网格生成在前处理中是一个非常重要的工作,这可能会消耗分析者很多的时间,有经验的分析者常常会更有效地处理复杂问题并生成更可靠的网格。网格生成的目的在于将问题区域划分成合适形状的单元,如三角形单元和四边形单元。在划分网格时必须形成单元连接信息,在后续组建有限元方程时使用。如果有完全自动的网格生成器是最理想的,但是当前在市场上还得不到这种网格生成器。在一些商业应用软件包里可以得到半自动前处理器,还有一些专门为划分网格而设计的软件包,它们能够生成网格文件,而其他模拟和仿真软件包能够读入这种网格文件。用三角形或四面体单元划分网格是建立网格最灵活的方法,通常能够完全自动划分二维平面甚至三维空间。因此,在大多数前处理器中通常是采用这种划分方式。三角形单元的另一个优点就是模拟复杂几何形状及复杂边界的灵活性,缺点是三角形单元模拟结果的精度通常低于四边形单元,但四边形单元更难自动生成。

（6）单元类型

有限元计算离不开网格划分,在现实生活应用中,绝大多数的机械结构都可以用三维固体单元来划分。典型的三维固体单元形状有四面体单元、六面体单元,如图 4.4 所示。

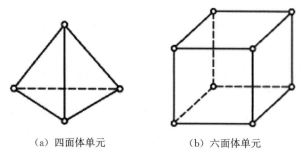

（a）四面体单元　　　　　　（b）六面体单元

图 4.4　典型的三维固体单元

对于一些形状特殊的结构可进行相应简化。如长度尺寸远大于其他两个方向尺寸的结构可等效为梁结构,采用梁单元,如图 4.5（a）所示。若厚度尺寸远小于其他两个方向的尺寸则可等效为板壳结构,采用三角形单元或四边形单元,如图 4.5(b)或(c)所示。

（a）梁单元　　　　（b）三角形单元　　　　（c）四边形单元

图 4.5　梁单元与板壳单元

每个单元都配置了有限的节点数,每个节点都设置一定数量的自由度,用于表示结构的变形。这些节点上的自由度分为两类:一类是预先给定自由度的值,称为边界条件,其对应的外力一般是未知的;另一类是未知的自由度,其对应的外力一般是已知的,通过计算可以求解其节点自由度。单元内任意点的自由度可通过一定的函数插值获得,此函数称为形函数。以上介绍的单元,其形函数为线性插值函数,故该类单元称为一次型单元。若在上述单元每条边上都额外插入一个节点,则其构成的形函数为二次形函数,这类单元称为二次型单元。

（7）有限元方程建立方法

根据生成的网格,采用已有的方法可以得到离散系统的联立方程组。建立联立方程组的方法有多种:第一种方法基于能量原理,如哈密尔顿原理、最小势能原理等,常用的有限元法就是根据这些原理建立的;第二种方法是加权残值法,常常用于建立各种物理问题的有限元方程;第三种方法是用泰勒级数导出传统的有限差分方程;第四种方法是以控制域内每个有限体积(单元)的守恒定律为基础的有限体积方法;第五种方法是无网格方法;第六种方法是等几何分析方法。对于固体结构,第一种和第二种方法用得最多,而对于流体计算常使用有限差分和有限体积法。

(8) 方程求解方法

求解联立方程组的方法有两个主要类型:直接法和迭代法。通常所用的直接法包括高斯消去法和 LU 分解法,这些方法对于求解较小的方程组很有效。迭代法包括高斯-雅可比(Guass-Jacobi)方法、高斯-赛代尔(Guass-Seidel)方法、SOR 方法、广义共轭残数法、线松弛法等。这些方法能有效求解较大的系统方程。

对于非线性问题,在迭代时,必须将非线性方程适当简化为线性方程。对于与时间有关的问题,还需要一层时间步进运算,即首先求初始时刻的解(或者由分析者给定),然后使用该结果向前推进求解下一个时间步的解,如此循环直到获得所有时间的解。有两种主要的时间步进格式:隐式方法和显式方法。通常来说,隐式方法比显式方法的数值稳定性要好,但在计算时的效率低,一般用于线性分析和非线性结构静动力分析,包括结构固有频率和振型计算。此外,显式求解法主要用于分析大变形、瞬态问题、非线性动力学问题等。

4.2 本构方程

有限元仿真中,本构方程用于表征结构的材料属性,其中"应力-应变"关系是最为基础的一类本构。本构也可以描述磁、电、热等多物理场耦合关系。为方便说明问题,坐标系仍沿袭前文规则,采用 1、2、3 数字代表 x、y、z 三个方向,另外规定数字 4 代表 yz 平面,5 代表 xz 平面,6 代表 xy 平面。

4.2.1 应力和应变

在物体内任一点,可用无限小的正六面体面上的应力分量来表示,如图 4.6 所示。在每一面上都有一个正应力分量和两个切应力分量,应力下标的符号规定:第一个字母代表应力的作用面(垂直于轴 1 的记为面 1,依此类推);第二个字母代表应力的作用方向,图中的应力方向都是正方向。在平衡状态下,对正六面体的中心轴取矩便可得到切应力之间的关系如下:

$$\tau_{12} = \tau_{21}, \tau_{13} = \tau_{31}, \tau_{23} = \tau_{32}。 \tag{1}$$

在图 4.6 中还有三个正应力分别为 σ_{11}、σ_{22} 和 σ_{33},对应每一个应力分量都有一个应变分量,如表 4.2 所示。

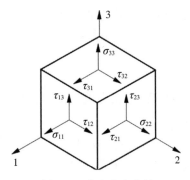

图 4.6　应力应变分量

表 4.2　应力和应变表示

应力	应变
σ_{11}	ε_{11}
σ_{22}	ε_{22}
σ_{33}	ε_{33}
$\tau_{23}=\sigma_{23}$	$\gamma_{23}=\varepsilon_{23}$
$\tau_{13}=\sigma_{13}$	$\gamma_{13}=2\varepsilon_{13}$
$\tau_{12}=\sigma_{12}$	$\gamma_{12}=2\varepsilon_{12}$

切应变有两种常用的定义,分别为工程切应变和张量切应变,如图 4.7 所示,两者之间的关系为 $\gamma_{12}=2\varepsilon_{12}$。

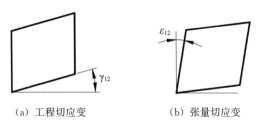

（a）工程切应变　　　　　　　（b）张量切应变

图 4.7　工程切应变和张量切应变

对于压电材料,施加应力会产生相应的变形,压电材料表面产生电荷。由应力产生的电位移为

$$\begin{cases} D_1=d_{15}\sigma_{13} \\ D_2=d_{24}\sigma_{23} \\ D_3=d_{31}\sigma_{11}+d_{32}\sigma_{22}+d_{33}\sigma_{33} \end{cases} \tag{2}$$

式中: d_{ij} 为压电常数。压电电极表面聚集的电荷为

$$q=\iint_{A_i} D_i \mathrm{d}\Omega \tag{3}$$

式中：q 为电荷量；A_i 为电极面积。由电容公式，压电产生的电压为

$$V = \frac{q}{C_p} \qquad (4)$$

式中：V 为电压；C_p 为电容系数。

若对压电材料施加电场载荷，材料会发生变形。外加的电场强度与材料应变之间的关系为

$$\varepsilon_{11} = d_{13}E_3, \ \varepsilon_{22} = d_{23}E_3, \ \varepsilon_{33} = d_{33}E_3, \ \varepsilon_{11} = d_{42}E_2, \ \varepsilon_{11} = d_{51}E_1 \qquad (5)$$

对于各向同性的压电材料，压电常数具有如下特点：$d_{13} = d_{31}$，$d_{23} = d_{32}$，$d_{24} = d_{42}$ 和 $d_{15} = d_{51}$。

4.2.2 压电本构方程

压电智能板壳结构中，压电材料具有"电-弹"耦合效应，其材料本构模型的矩阵形式可以表示为

$$\begin{aligned} \boldsymbol{\sigma} &= c\boldsymbol{\varepsilon} - e^{\mathrm{T}}E \\ \boldsymbol{D} &= e\boldsymbol{\varepsilon} + \boldsymbol{\chi}E \end{aligned} \qquad (6)$$

式中：c、e、$\boldsymbol{\chi}$ 分别表示弹性常数矩阵、压电和介电常数矩阵；$\boldsymbol{\sigma}$ 和 $\boldsymbol{\varepsilon}$ 分别表示应力、应变向量；E、$\boldsymbol{D}$ 分别为电场强度、电位移向量。

对于板壳结构，由于其厚度方向的尺寸远小于其他两个方向的尺寸，故在板壳假设中认为其厚度方向尺寸不变，即忽略了厚度方向的正应力 σ_{33} 和正应变 ε_{33}。此时，应力和应变可以用向量分别表示为

$$\boldsymbol{\sigma} = \begin{bmatrix} \sigma_{11} \\ \sigma_{22} \\ \sigma_{12} \\ \sigma_{23} \\ \sigma_{13} \end{bmatrix}, \quad \boldsymbol{\varepsilon} = \begin{bmatrix} \varepsilon_{11} \\ \varepsilon_{22} \\ 2\varepsilon_{12} \\ 2\varepsilon_{23} \\ 2\varepsilon_{13} \end{bmatrix} \qquad (7)$$

电场强度、电位移向量可以表示为

$$\boldsymbol{E} = \begin{bmatrix} E_1 \\ E_2 \\ E_3 \end{bmatrix}, \quad \boldsymbol{D} = \begin{bmatrix} D_1 \\ D_2 \\ D_3 \end{bmatrix} \qquad (8)$$

式中：电场强度分量分别等于负的电势梯度，即

$$E_1 = -\frac{\partial \phi_1}{\partial x_1}, \quad E_2 = -\frac{\partial \phi_2}{\partial x_2}, \quad E_3 = -\frac{\partial \phi_3}{\partial x_3} \qquad (9)$$

矩阵形式为

$$\boldsymbol{E} = -\nabla\boldsymbol{\phi} = \boldsymbol{B}_\phi \boldsymbol{\phi} \qquad (10)$$

式中：∇ 为梯度算子；$\boldsymbol{B}_\phi$ 表示电场矩阵；$\boldsymbol{\phi}$ 是压电片电极上的电势向量。

弹性常数矩阵 c 为

$$c = \begin{bmatrix} c_{11} & c_{12} & 0 & 0 & 0 \\ c_{12} & c_{22} & 0 & 0 & 0 \\ 0 & 0 & G_{12} & 0 & 0 \\ 0 & 0 & 0 & \kappa G_{23} & 0 \\ 0 & 0 & 0 & 0 & \kappa G_{13} \end{bmatrix} \tag{11}$$

式中：

$$c_{11} = \frac{Y_1}{1 - \nu_{12}\nu_{21}}, \quad c_{22} = \frac{Y_2}{1 - \nu_{12}\nu_{21}}, \quad c_{12} = \frac{\nu_{12}Y_2}{1 - \nu_{12}\nu_{21}}, \quad \kappa = \frac{5}{6} \tag{12}$$

其中 (Y_1, Y_2)、(G_{12}, G_{23}, G_{13}) 和 $(\upsilon_{12}, \upsilon_{21})$ 分别表示材料的弹性模量、剪切模量和泊松比，κ 为剪切修正系数，常取值为 $5/6$。对于各向同性材料 $Y_1 = Y_2$、$G_{12} = G_{23} = G_{13}$、$\upsilon_{12} = \upsilon_{21}$。压电常数矩阵 e 和介电常数矩阵 $\boldsymbol{\chi}$ 分别表示为

$$e = \begin{bmatrix} 0 & 0 & 0 & 0 & e_{15} \\ 0 & 0 & 0 & e_{24} & 0 \\ e_{31} & e_{32} & 0 & 0 & 0 \end{bmatrix}, \quad \boldsymbol{\chi} = \begin{bmatrix} \chi_{11} & 0 & 0 \\ 0 & \chi_{22} & 0 \\ 0 & 0 & \chi_{33} \end{bmatrix} \tag{13}$$

压电结构中的电极与中性面是平行的，也就意味着电场只作用在板壳结构的厚度方向上，所以 $\chi_{11} = \chi_{22} = 0$。而 χ_{33} 可以表示为

$$\chi_{33} = \epsilon_{33} - d_{31}e_{31} - d_{32}e_{32} \tag{14}$$

式中：ϵ_{33} 为在恒定电场中测得的介电常数。此外，弹性常数矩阵 c 与压电常数矩阵 e 和 d 的关系可以用矩阵形式表示为

$$e = \underbrace{\begin{bmatrix} 0 & 0 & 0 & 0 & d_{15} \\ 0 & 0 & 0 & d_{24} & 0 \\ d_{31} & d_{32} & 0 & 0 & 0 \end{bmatrix}}_{d} c \tag{15}$$

由于压电智能板壳结构的电极可认为与结构中性面是平行的，故压电常数矩阵中的 d_{24} 和 d_{15} 为 0，则矩阵 e 中的 e_{24} 和 e_{15} 也为 0，e_{31} 和 e_{32} 可以表示为

$$\begin{cases} e_{31} = d_{31}c_{11} + d_{32}c_{12} \\ e_{32} = d_{31}c_{12} + d_{32}c_{22} \end{cases} \tag{16}$$

4.2.3　坐标系转换

对于正交异性材料，材料坐标系 $(\breve{x}, \breve{y})$ 与结构坐标系 (x, y) 不一定平行，如图 4.8 所示，其中 β 表示材料的增强角度，这时就需要将本构方程从材料坐标系通过变换矩阵转换到结构坐标系中。应力向量、应变向量、弹性常数矩阵、压电常数矩

阵和介电常数矩阵在这两个坐标系之间的转换[1]可以分别表示为

$$\boldsymbol{\sigma}=\boldsymbol{T}^{\mathrm{T}}\breve{\boldsymbol{\sigma}}, \quad \boldsymbol{\varepsilon}=\boldsymbol{T}^{-1}\breve{\boldsymbol{\varepsilon}}, \quad \boldsymbol{c}=\boldsymbol{T}^{\mathrm{T}}\breve{\boldsymbol{c}}\boldsymbol{T}, \quad \boldsymbol{e}=\breve{\boldsymbol{e}}\boldsymbol{T}, \quad \boldsymbol{\chi}=\breve{\boldsymbol{\chi}} \tag{17}$$

变换矩阵 $\boldsymbol{T}$ 为

$$\boldsymbol{T}=\begin{bmatrix} \cos^2\beta & \sin^2\beta & \sin\beta\cos\theta & 0 & 0 \\ \sin^2\beta & \cos^2\beta & -\sin\beta\cos\theta & 0 & 0 \\ -2\sin\beta\cos\beta & 2\sin\beta\cos\beta & \cos^2\beta-\sin^2\beta & 0 & 0 \\ 0 & 0 & 0 & \cos\beta & -\sin\beta \\ 0 & 0 & 0 & \sin\beta & \cos\beta \end{bmatrix} \tag{18}$$

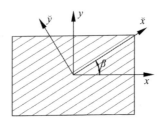

图 4.8　结构坐标系和材料坐标系

4.3　压电结构等效驱动力的计算

对于如图 4.9 所示的压电智能薄壁结构：上下灰色两层表示压电层，厚度 h 均为 0.24 mm，压电常数 $d_{31}=d_{32}=-2.54\times10^{-10}$ m/V，弹性模量 $Y=63$ GPa，泊松比 $\upsilon_{12}=\upsilon_{21}=0.3$；中间为各向同性的金属材料或正交异性的复合材料，厚为 0.36 mm；结构长 a 为 314 mm，宽 b 为 62.8 mm。若在结构厚度方向上施加 100 V 的电场，则式(9)中的 E_1 和 E_2 等于 0，厚度方向上的 E_3 大小为

$$E_3=\frac{\phi}{h}=\frac{100}{0.24\times10^{-3}}=4.166\ 7\times10^5(\mathrm{V/m}) \tag{19}$$

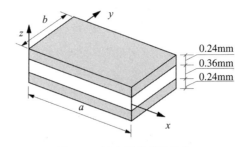

图 4.9　压电智能薄壁结构

压电材料由电场产生的应变为

$$\begin{cases} \varepsilon_{11} = d_{31}E_3 = 2.54 \times 10^{-10} \times 4.1667 \times 10^5 = 1.0583 \times 10^{-4} \\ \varepsilon_{22} = d_{32}E_3 = 2.54 \times 10^{-10} \times 4.1667 \times 10^5 = 1.0583 \times 10^{-4} \end{cases} \quad (20)$$

根据式(6),只在厚度方向上施加电压的压电材料,其应力与应变之间的关系可以简化为

$$\begin{bmatrix} \sigma_{11} \\ \sigma_{22} \end{bmatrix} = \begin{bmatrix} c_{11} & c_{12} \\ c_{12} & c_{22} \end{bmatrix} \begin{bmatrix} \varepsilon_{11} \\ \varepsilon_{22} \end{bmatrix} \quad (21)$$

压电材料的 c_{11}、c_{22} 和 c_{12} 可以表示为

$$\begin{cases} c_{11} = \dfrac{Y_1}{1 - \nu_{12}\nu_{21}} = \dfrac{63}{1 - 0.3 \times 0.3} = 69.23077 \ (GPa) \\[2mm] c_{22} = \dfrac{Y_2}{1 - \nu_{12}\nu_{21}} = \dfrac{63}{1 - 0.3 \times 0.3} = 69.23077 \ (GPa) \\[2mm] c_{12} = c_{21} = \dfrac{\nu_{12}Y_1}{1 - \nu_{12}\nu_{21}} = \dfrac{0.3 \times 63}{1 - 0.3 \times 0.3} = 20.76923 \ (GPa) \end{cases} \quad (22)$$

则应力 σ_{11} 和 σ_{22} 的大小为

$$\begin{cases} \begin{aligned} \sigma_{11} &= c_{11}\varepsilon_{11} + c_{12}\varepsilon_{22} \\ &= 69.23077 + 20.76923 \times 1.0583 \times 10^{-4} \\ &= 9.5247 \times 10^6 \ (Pa) \end{aligned} \\ \begin{aligned} \sigma_{22} &= c_{21}\varepsilon_{11} + c_{22}\varepsilon_{22} \\ &= 20.76923 + 69.23077 \times 1.0583 \times 10^{-4} \\ &= 9.5247 \times 10^6 \ (Pa) \end{aligned} \end{cases} \quad (23)$$

根据应力可以求出 x 方向的合力 F_1 和 y 方向上的合力 F_2 为

$$\begin{cases} F_1 = \sigma_{11}bh = 717.7814 \ (N) \\ F_2 = \sigma_{22}ah = 143.5563 \ (N) \end{cases} \quad (24)$$

层合结构中性面到压电片中间面的距离 z 为

$$z = \frac{0.24}{2} + \frac{0.36}{2} = 0.3 \ (mm) \quad (25)$$

一层压电材料在 100 V 电场下产生的力对压电智能薄壁结构作用所产生的力矩为

$$\begin{cases} M_1 = F_1 z = 717.7814 \times 0.3 = 215.3 \ (N \cdot mm) \\ M_2 = F_2 z = 143.5563 \times 0.3 = 43.1 \ (N \cdot mm) \end{cases} \quad (26)$$

上下两层压电材料在 100 V 电场下产生的力对压电智能薄壁结构作用所产生的力矩为

$$\begin{cases} M_{1\text{-total}} = 2M_1 = 2 \times 215.3 = 430.6 \ (N \cdot mm) \\ M_{2\text{-total}} = 2M_2 = 2 \times 43.1 = 86.2 \ (N \cdot mm) \end{cases} \quad (27)$$

即图 4.9 所示的压电智能薄壁结构,在 100 V 电场下对 b 边产生的总力矩为 $M_{1\text{-total}} = 430.6$ N·mm,对 a 边产生的总力矩为 $M_{2\text{-total}} = 86.2$ N·mm。

4.4 板壳假设

对于薄壁复合材料和智能结构的建模,三维有限元方法是一种很好的选择。它可以获得较高精度的模型,但模型维度大,计算时间长。由于薄壁结构的厚度较小,可将其等效为板壳结构,如图 4.10 所示。

缩减成

图 4.10 薄壁结构等效为板壳结构

将薄壁结构等效为板壳结构的同时,忽略了结构厚度方向的信息,需要借助板壳假设来弥补厚度信息的缺失。常用的板壳假设有经典板壳假设(Classical Theory,CT)、一阶剪切变形板壳(First Order Shear Deformation,FOSD)假设、二阶剪切变形板壳(Second Order Shear Deformation,SOSD)假设、三阶剪切变形板壳(Third Order Shear Deformation,TOSD)假设和 Z 型(Zig-zag)剪切变形板壳假设等,它们之间的区别如图 4.11 所示。

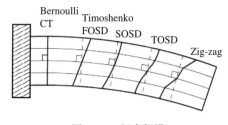

图 4.11 板壳假设

与三维有限元模型相比,二维有限元模型的主要优点是结构矩阵维度小、计算快,但仍能保持较高的精度。对于一些梁结构,甚至可以采用 Euler-Bernoulli 或 Timoshenko 梁假设来推导一维有限元方程。

4.4.1 经典板壳假设

经典板壳假设最初由 Gustav Robert Kirchhoff 提出,后又被 Augustus Edward Hough Love 进行改进与发展,因此又称为 Kirchhoff-Love 假设。经典板壳假设基本假设具有如下性质:
- 变形前垂直于板中性面(简称中面)的直线,变形后仍为直线;

- 变形前垂直于板中面的直线,变形后仍垂直于板中面;
- 结构厚度变形时保持不变。

截面变形情况如图 4.12 所示。结构上任意一点沿 x、y、z 三个坐标轴的位移用 u、v、w 来表示。而 u_0、v_0、w_0 表示中面上的点沿相应坐标轴的直线位移,如图 4.13 所示。

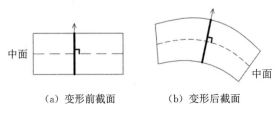

(a) 变形前截面   (b) 变形后截面

图 4.12 经典板壳假设原理

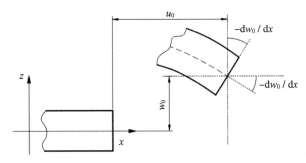

图 4.13 经典板壳假设的位移场

根据经典板壳假设,位移 u、v、w 可以表示为

$$\begin{cases} u(x,y,z)=u_0(x,y)-z\ \dfrac{\partial w_0}{\partial x} \\[2mm] v(x,y,z)=v_0(x,y)-z\ \dfrac{\partial w_0}{\partial y} \\[2mm] w(x,y,z)=w_0(x,y) \end{cases} \tag{28}$$

由定义可知,平面内应变为

$$\begin{cases} \varepsilon_{xx}=\dfrac{\partial u}{\partial x}=\dfrac{\partial u_0}{\partial x}-z\ \dfrac{\partial^2 w_0}{\partial^2 x} \\[2mm] \varepsilon_{yy}=\dfrac{\partial v}{\partial y}=\dfrac{\partial v_0}{\partial y}-z\ \dfrac{\partial^2 w_0}{\partial^2 y} \\[2mm] \gamma_{xy}=\dfrac{\partial u}{\partial y}+\dfrac{\partial v}{\partial x}=\dfrac{\partial u_0}{\partial y}+\dfrac{\partial v_0}{\partial x}-2\cdot z\ \dfrac{\partial^2 w_0}{\partial x \partial y} \end{cases} \tag{29}$$

横向切应变为

$$\begin{cases} \gamma_{xz} = \dfrac{\partial u}{\partial z} + \dfrac{\partial w}{\partial x} = -\dfrac{\partial w_0}{\partial x} + \dfrac{\partial w_0}{\partial x} = 0 \\[2mm] \gamma_{yz} = \dfrac{\partial v}{\partial z} + \dfrac{\partial w}{\partial y} = -\dfrac{\partial w_0}{\partial y} + \dfrac{\partial w_0}{\partial y} = 0 \end{cases} \tag{30}$$

由于假设结构厚度在变形时保持不变,导致法向正应变为 0,即

$$\varepsilon_{zz} = \frac{\partial w}{\partial z} = \frac{\partial w_0}{\partial z} = 0 \tag{31}$$

基于经典板壳假设,结构的横向切应变 γ_{xz} 和 γ_{yz} 也为 0,因此相应的横向切应力 τ_{xz} 和 τ_{yz} 也为 0。事实上,只要结构发生弯曲变形就会存在横向切应力,这是经典板壳假设存在的不足。

4.4.2 一阶剪切变形板壳假设

一阶剪切变形板壳假设于 1945 年由 Eric Reissner 首先提出,之后在 1951 年 Raymond Mindlin 提出一个非常类似的理论,因此一阶剪切变形板壳假设又称为 Reissner-Mindlin 假设。一阶剪切变形板壳假设具有如下基本性质:

- 变形前垂直于中面的直线,变形后仍是直线;
- 变形前垂直于中面的直线,变形后不一定垂直于中面;
- 结构厚度变形时保持不变。

一阶剪切变形板壳假设截面变形如图 4.14 所示。结构上任意一点沿 x、y、z 三个坐标轴的位移用 u、v、w 来表示。而 u_0、v_0、w_0 表示中面上的点沿相应坐标轴的直线位移,φ_x 和 φ_y 分别表示绕 y 轴和 x 轴的转角,如图 4.15 所示。

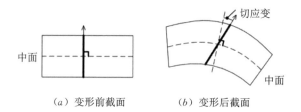

（a）变形前截面　　　　　（b）变形后截面

图 4.14　一阶剪切变形板壳假设原理

根据一阶剪切变形板壳假设,位移 u、v、w 可以表示为

$$\begin{cases} u(x,y,z) = u_0(x,y) + z\varphi_x(x,y) \\ v(x,y,z) = v_0(x,y) + z\varphi_y(x,y) \\ w(x,y,z) = w_0(x,y) \end{cases} \tag{32}$$

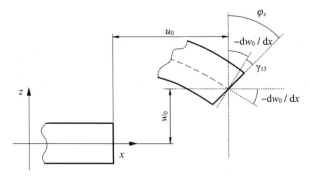

图 4.15　一阶剪切变形板壳假设的位移场

由定义可知,平面内应变为

$$
\begin{cases}
\varepsilon_{xx} = \dfrac{\partial u}{\partial x} = \dfrac{\partial u_0}{\partial x} + z\,\dfrac{\partial \varphi_x}{\partial x} \\[2mm]
\varepsilon_{yy} = \dfrac{\partial v}{\partial y} = \dfrac{\partial v_0}{\partial y} + z\,\dfrac{\partial \varphi_y}{\partial y} \\[2mm]
\gamma_{xy} = \dfrac{\partial u}{\partial y} + \dfrac{\partial v}{\partial x} = \dfrac{\partial u_0}{\partial y} + \dfrac{\partial v_0}{\partial x} + z\,\dfrac{\partial \varphi_x}{\partial y} + z\,\dfrac{\partial \varphi_y}{\partial x}
\end{cases}
\tag{33}
$$

横向切应变为

$$
\begin{cases}
\gamma_{xz} = \dfrac{\partial u}{\partial z} + \dfrac{\partial w}{\partial x} = \varphi_x + \dfrac{\partial w_0}{\partial x} \\[2mm]
\gamma_{yz} = \dfrac{\partial v}{\partial z} + \dfrac{\partial w}{\partial y} = \varphi_y + \dfrac{\partial w_0}{\partial y}
\end{cases}
\tag{34}
$$

法向正应变为

$$
\varepsilon_{zz} = \dfrac{\partial w}{\partial z} = \dfrac{\partial w_0}{\partial z} = 0
\tag{35}
$$

　　由于忽略了厚度方向的变形,故法向正应变为 0。横向切应变与厚度方向的坐标无关,所以得出结构的横向切应力在给定 x、y 坐标情况下沿厚度方向为定值。由此可知,在一阶剪切变形板壳假设下,虽然考虑了横向切应力,但结构表面处横向剪切应力不为 0,这一点与实际情况不相符合。

4.4.3　三阶剪切变形板壳假设

　　三阶剪切变形板壳(Third-Order Shear Deformation,TOSD)假设由印度裔美国籍学者 J. N. Reddy 教授提出。自由度数量与一阶剪切变形相同,只采用五个自由度,但是对应力应变描述更加精确。三阶剪切变形板壳假设具有如下性质:

　　· 位移场沿 x 和 y 轴两个的分量 u 和 v 可展开成一个三阶函数;

• 结构厚度变形后保持不变。

截面变形情况如图 4.16 所示。结构上任意一点沿 x、y、z 三个坐标轴的位移用 u、v、w 来表示。u_0、v_0、w_0 表示中面上的点沿相应坐标轴的直线位移,φ_x 和 φ_y 分别表示中面处绕 y 轴和 x 轴的转角。根据三阶剪切变形板壳假设,位移 u、v、w 可表示为

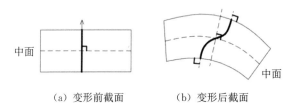

（a）变形前截面　　　（b）变形后截面

图 4.16　三阶剪切变形假设变形

$$\begin{cases} u(x,y,z)=u_0(x,y)+z\varphi_x(x,y)+z^2\xi_x(x,y)+z^3\eta_x(x,y) \\ v(x,y,z)=v_0(x,y)+z\varphi_y(x,y)+z^2\xi_y(x,y)+z^3\eta_y(x,y) \\ w(x,y,z)=w_0(x,y) \end{cases} \tag{36}$$

式中：ξ_x、ξ_y、η_x 和 η_y 为位移场待定系数,需要引入四个条件来求解。假设结构表面处横向切应力为 0,等同于上下表面相应的横向切应变为 0,即引入的四个条件如下：

$$\gamma_{xz}\left(x,y,\pm\frac{h}{2}\right)=\gamma_{yz}\left(x,y,\pm\frac{h}{2}\right)=0 \tag{37}$$

根据切应变定义和式(36)的位移场表达,横向切应变 γ_{xz} 可表示为

$$\gamma_{xz}=\frac{\partial u}{\partial z}+\frac{\partial w}{\partial x}=\varphi_x+2\cdot z\xi_x+3\cdot z^2\eta_x+\frac{\partial w_0}{\partial x} \tag{38}$$

将式(37)代入式(38)可以得到方程组

$$\begin{cases} \gamma_{xz}=\varphi_x+2\cdot\dfrac{h}{2}\xi_x+3\cdot\dfrac{h^2}{4}\eta_x+\dfrac{\partial w_0}{\partial x}=0 \\ \gamma_{xz}=\varphi_x-2\cdot\dfrac{h}{2}\xi_x+3\cdot\dfrac{h^2}{4}\eta_x+\dfrac{\partial w_0}{\partial x}=0 \end{cases} \tag{39}$$

最后,解得

$$\begin{cases} \xi_x=0 \\ \eta_x=-\dfrac{4}{3h^2}\left(\varphi_x+\dfrac{\partial w_0}{\partial x}\right) \end{cases} \tag{40}$$

同理,对于横向切应变 γ_{yz} 可以表示为

$$\gamma_{yz}=\frac{\partial v}{\partial z}+\frac{\partial w}{\partial y}=\varphi_y+2\cdot z\xi_y+3\cdot z^2\eta_y+\frac{\partial w_0}{\partial y} \tag{41}$$

将式(37)和条件代入式(41)可以得到方程组

$$\begin{cases} \gamma_{xz} = \varphi_y + 2 \cdot \dfrac{h}{2}\xi_y + 3 \cdot \dfrac{h^2}{4}\eta_y + \dfrac{\partial w_0}{\partial y} = 0 \\ \gamma_{xz} = \varphi_y - 2 \cdot \dfrac{h}{2}\xi_y + 3 \cdot \dfrac{h^2}{4}\eta_y + \dfrac{\partial w_0}{\partial y} = 0 \end{cases} \tag{42}$$

最后,解得

$$\begin{cases} \xi_y = 0 \\ \eta_y = -\dfrac{4}{3h^2}\left(\varphi_y + \dfrac{\partial w_0}{\partial y}\right) \end{cases} \tag{43}$$

将式(40)和(43)代入式(36)中,位移场可以化简为

$$\begin{cases} u(x,y,z) = u_0(x,y) + z\varphi_x(x,y) - \dfrac{4z^3}{3h^2}\left(\varphi_x + \dfrac{\partial w_0}{\partial x}\right) \\ v(x,y,z) = v_0(x,y) + z\varphi_y(x,y) - \dfrac{4z^3}{3h^2}\left(\varphi_y + \dfrac{\partial w_0}{\partial y}\right) \\ w(x,y,z) = w_0(x,y) \end{cases} \tag{44}$$

横向切应变为

$$\begin{cases} \gamma_{xz} = \dfrac{\partial u}{\partial z} + \dfrac{\partial w}{\partial x} = \varphi_x - \dfrac{4z^2}{h^2}\left(\varphi_x + \dfrac{\partial w_0}{\partial x}\right) + \dfrac{\partial w_0}{\partial x} \\ \gamma_{yz} = \dfrac{\partial v}{\partial z} + \dfrac{\partial w}{\partial y} = \varphi_y - \dfrac{4z^2}{h^2}\left(\varphi_y + \dfrac{\partial w_0}{\partial y}\right) + \dfrac{\partial w_0}{\partial y} \end{cases} \tag{45}$$

可明显发现,结构表面处横向切应变为 0,即

$$\gamma_{xz}\big|_{z=\pm\frac{h}{2}} = \gamma_{yz}\big|_{z=\pm\frac{h}{2}} = 0 \tag{46}$$

由于忽略了厚度方向的变形,与其他板壳假设一样,法向正应变为 0,即

$$\varepsilon_{zz} = \dfrac{\partial w}{\partial z} = \dfrac{\partial w_0}{\partial z} = 0 \tag{47}$$

三阶剪切变形板壳假设下的板壳结构满足外表面无横向切应变(力),以及切应变(力)随厚度按二次函数分布。这比较接近真实的应力分布。

4.4.4 Z 型剪切变形板壳假设

以上所提到的各种假设都只适用于层合结构材料弹性模量相差不太大的情况,若层合结构各层材料弹性模量相差特别大,如 4~7 个数量级,则以上假设不再适用。为了能够对层合结构各层材料弹性模量相差巨大的板壳层合结构进行仿真,需要采用 Z 型剪切变形板壳假设,构建位移场和应变位移关系,其假设理论如图 4.17 所示。

图中 φ_a、φ_b、φ_c 为各层的旋转角度。由于每一层的剪切变形不相等,因此每

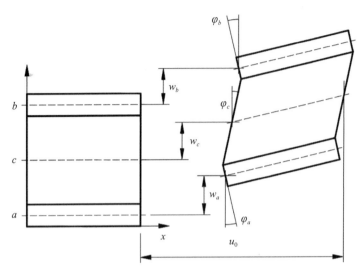

图 4.17 Z 型剪切变形板壳假设原理

一层的位移场表示方式也不同。第一层 b 层的位移表达式为

$$u_b(x,z_b,t)=u_0(x,t)+\frac{h_c}{2}\varphi_c(x,t)+\left(z_b+\frac{h_b}{2}\right)\varphi_b(x,t) \tag{48}$$

c 层的位移表达式为

$$u_c(x,z_c,t)=u_0(x,t)+z_c\varphi_c(x,t) \tag{49}$$

同理,a 层的位移表达式为

$$u_a(x,z_a,t)=u_0(x,t)-\frac{h_c}{2}\varphi_c(x,t)+\left(z_a-\frac{h_a}{2}\right)\varphi_a(x,t) \tag{50}$$

对于每一层的切应变和切应力与一阶剪切变形板壳假设类似。

4.5 智能结构有限元方程

有限元法是通过将整个结构离散成特定定义的单元来实现的。对于一些形状特殊的结构可进行相应简化。如长度尺寸远大于其他两个方向尺寸的结构可等效为梁结构,厚度尺寸远小于其他两个方向的尺寸则可等效为板壳结构。

4.5.1 形函数

(1) 梁单元

梁是一类简单常用的结构,主要发生垂直于轴向的变形。对于跨高比小于 5 的梁,剪切变形明显,宜采用 Timoshenko 梁假设。跨高比大于 5 的梁结构通常是弯曲主控的,用 Euler-Bernoulli 梁假设即可。

以在(x,y)平面内的长度为 $2a$ 的 Euler-BernoulliI 梁为例,x 方向为长度方向,其每个节点有 2 个自由度,即沿 y 方向的挠度和(x,y)平面内绕 z 轴的转角 θ。对于一次梁单元,每个单元有两个节点即 4 个自由度,如图 4.18 所示;对于二次梁单元,每个单元有三个节点即 6 个自由度,如图 4.19 所示。

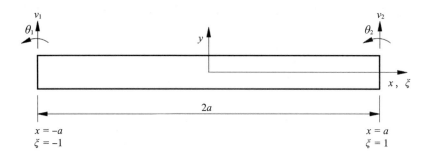

图 4.18　一次梁单元

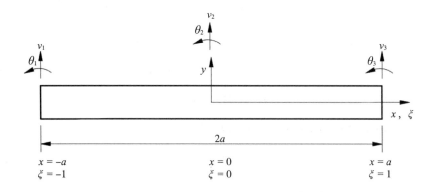

图 4.19　二次梁单元

梁中心轴上任意一点的挠度用 v 表示,该点的转角 θ 可以表示为

$$\theta = \frac{\partial v}{\partial x} \tag{51}$$

梁上距离中心轴为 y 的点的轴向位移 u 可以表示为

$$u = -y\theta = -y\frac{\partial v}{\partial x} \tag{52}$$

梁的正应变和挠度之间的关系为

$$\varepsilon_{11} = \frac{\partial u}{\partial x} = -y\frac{\partial^2 v}{\partial x^2} = -yLv \tag{53}$$

这里 $L = \dfrac{\partial^2}{\partial x^2}$ 称为微分算子。

自然坐标系与局部坐标系之间的关系为

$$\xi = \frac{x}{a} \tag{54}$$

对于一次梁单元,将单元从局部坐标系映射到自然坐标系(ξ)中,之后再用自然坐标系来构造单元节点的形函数矩阵 $\mathbf{N}$。各节点或自由度的形函数可以表示为

$$
\begin{cases}
N_1 = \dfrac{1}{4}(2 - 3\xi + \xi^3) \\[2mm]
N_2 = \dfrac{a}{4}(1 - \xi - \xi^2 + \xi^3) \\[2mm]
N_3 = \dfrac{1}{4}(2 + 3\xi - \xi^3) \\[2mm]
N_4 = \dfrac{a}{4}(-1 - \xi + \xi^2 + \xi^3)
\end{cases} \tag{55}
$$

同样地,对于二次梁单元,将单元从局部坐标系映射到自然坐标系(ξ)中,之后再用自然坐标系来构造单元节点的形函数矩阵 $\mathbf{N}$。各形函数分量可以表示为

$$
\begin{cases}
N_1 = \dfrac{1}{4}(4\xi^2 - 5\xi^3 - 2\xi^4 + 3\xi^5) \quad & N_2 = \dfrac{a}{4}(\xi^2 - \xi^3 - \xi^4 + \xi^5) \\[2mm]
N_3 = 1 - 2\xi^2 + \xi^4 & N_4 = a(\xi - 2\xi^3 + \xi^5) \\[2mm]
N_5 = \dfrac{1}{4}(4\xi^2 + 5\xi^3 - 2\xi^4 - 3\xi^5) & N_6 = \dfrac{a}{4}(-\xi^2 - \xi^3 + \xi^4 + \xi^5)
\end{cases} \tag{56}
$$

Euler-Bernoulli 梁单元的应变矩阵 $\boldsymbol{B}_\mathrm{u}$ 为

$$\boldsymbol{B}_\mathrm{u} = -y\boldsymbol{LN} = -y\frac{\partial^2 \boldsymbol{N}}{\partial x^2} \tag{57}$$

式中:$\boldsymbol{L}$ 为微分算子。应变矩阵可以化简为

$$\boldsymbol{B}_\mathrm{u} = -\frac{y}{a^2}\frac{\partial^2 \boldsymbol{N}}{\partial \xi^2} = -\frac{y}{a^2}\boldsymbol{N}'' \tag{58}$$

式中:$\boldsymbol{N}''$ 表示形函数对自然坐标系的二阶导数。

(2) 四边形单元

四节点四边形线性板壳单元是有限元分析最为常用的一次型单元,如图 4.20 所示。用自然坐标系(ξ,η)构造的线性四边形单元节点的形函数矩阵 $\mathbf{N}$,其各节点形函数可以表示为

$$N_I = \frac{1}{4}(1 + \xi_I \xi)(1 + \eta_I \eta), \quad I = 1,2,3,4\cdots \tag{59}$$

式中:ξ_I 和 η_I 分别表示节点 I 的 ξ 和 η 坐标。

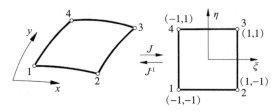

图 4.20　线性四边形单元

常用的二次型四边形壳单元主要分为 Lagrange 型单元和 Serendipity 型单元。如图 4.21 所示的 9 节点的四边形单元为 Lagrange 型单元的最基本形式,其映射到自然坐标系 (ξ,η) 后构造的形函数为

$$\begin{cases} N_1 = \dfrac{1}{4}\xi(1-\xi)\eta(1-\eta) & N_2 = -\dfrac{1}{4}\xi(1+\xi)\eta(1-\eta) \\[2mm] N_3 = \dfrac{1}{4}\xi(1+\xi)\eta(1+\eta) & N_4 = -\dfrac{1}{4}\xi(1-\xi)\eta(1+\eta) \\[2mm] N_5 = -\dfrac{1}{2}(1+\xi)(1-\xi)\eta(1-\eta) & N_6 = \dfrac{1}{2}\xi(1+\xi)(1+\eta)\eta(1-\eta) \\[2mm] N_7 = \dfrac{1}{2}(1+\xi)(1-\xi)(1+\eta)\eta & N_8 = -\dfrac{1}{2}\xi(1-\xi)\eta(1-\eta) \\[2mm] N_9 = (1-\xi^2)(1-\eta^2) & \end{cases} \tag{60}$$

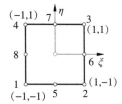

图 4.21　9 节点的 Lagrange 型单元

虽然在构造 Lagrange 型单元形函数时,所采用的方法是系统性,但由于 Lagrange 型单元内部存在节点,内部节点并没有提高计算的精度,反而降低了计算的效率,因此 Lagrange 型单元并没有得到非常广泛的应用。之后,提出了 8 节点的 Serendipity 型单元,如图 4.22 所示,即没有内部节点的高次单元,发现该单元计算精度与 Lagrange 型单元相比并没有降低,计算效率得到了提升。为了便于计算,需要将单元从局部坐标系映射到自然坐标系 (ξ,η),然后再用自然坐标系来构造单元节点的形函数矩阵 $\boldsymbol{N}$。各节点的形函数可以表示为

$$N_I=\begin{cases}\dfrac{1}{4}(1+\xi_I\xi)(1+\eta_I\eta)(\xi_I\xi+\eta_I\eta-1), & \text{角节点 } I=1,2,3,4\\[2mm]\dfrac{1}{2}(1-\xi^2)(1+\eta_I\eta), & \text{中边节点 } I=5,7\\[2mm]\dfrac{1}{4}(1+\xi_I\xi)(1-\eta^2), & \text{中边节点 } I=6,8\end{cases}\qquad(61)$$

式中：ξ_I 和 η_I 分别表示节点 I 的 ξ 和 η 坐标。

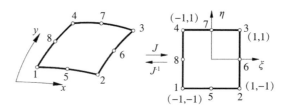

图 4.22　8 节点 Serendipity 型单元两个坐标系之间的坐标映射

引入形函数后，可以获得位移场和应变场表达式，即

$$u=ZNq$$
$$\varepsilon=LNq=B_uq\qquad(62)$$

式中：Z 为自由度向量与位移向量之间变换矩阵；B_u 为应变矩阵；q 为节点自由度；L 为微分算子。

应变矩阵中微分算子是对局部坐标 x 和 y 的微分，需要引入雅克比矩阵 J，把对 x 和 y 的微分转为对自然坐标 ξ 和 η 的微分。雅克比矩阵 J 定义为

$$\begin{bmatrix}\dfrac{\partial N_I}{\partial\xi}\\[3mm]\dfrac{\partial N_I}{\partial\eta}\end{bmatrix}=\underbrace{\begin{bmatrix}\dfrac{\partial x}{\partial\xi}&\dfrac{\partial y}{\partial\xi}\\[3mm]\dfrac{\partial x}{\partial\eta}&\dfrac{\partial y}{\partial\eta}\end{bmatrix}}_{J}\begin{bmatrix}\dfrac{\partial N_I}{\partial x}\\[3mm]\dfrac{\partial N_I}{\partial y}\end{bmatrix}\qquad(63)$$

则形函数对坐标系(x,y)的偏导数可以表示为

$$\begin{bmatrix}\dfrac{\partial N_I}{\partial x}\\[3mm]\dfrac{\partial N_I}{\partial y}\end{bmatrix}=J^{-1}\begin{bmatrix}\dfrac{\partial N_I}{\partial\xi}\\[3mm]\dfrac{\partial N_I}{\partial\eta}\end{bmatrix}\qquad(64)$$

4.5.2　有限元方程

采用 Hamilton 原理来推导压电阻尼层合结构的动力学方程，可以表述为从 t_1 到 t_2 的虚功积分等于 0，即

$$\int_{t_1}^{t_2} (\delta T - \delta W_{\text{int}} + \delta W_{\text{ext}}) \mathrm{d}t = 0 \tag{65}$$

将位移场、应变位移关系式(62)代入动能的微分 δT 中,可以表示为

$$\delta T = -\int_V \rho \delta \boldsymbol{u}^\mathrm{T} \ddot{\boldsymbol{u}} \mathrm{d}V = -\delta \boldsymbol{q}^\mathrm{T} \int_V \rho \boldsymbol{N}^\mathrm{T} \boldsymbol{Z}^\mathrm{T} \boldsymbol{Z} \boldsymbol{N} \mathrm{d}V \ddot{\boldsymbol{q}} = -\delta \boldsymbol{q}^\mathrm{T} \boldsymbol{M}_{\text{uu}} \ddot{\boldsymbol{q}} \tag{66}$$

式中:ρ 为材料的质量密度;$\boldsymbol{u}$ 为结构任意点的位移向量;$\boldsymbol{Z}$ 为自由度向量与位移向量之间的变换矩阵;$\boldsymbol{N}$ 为形函数矩阵。变量上的两个点表示变量对时间的二阶导数。另外 $\boldsymbol{M}_{\text{uu}}$ 为质量矩阵,可以表达为

$$\boldsymbol{M}_{\text{uu}} = \int_V \rho \boldsymbol{N}^\mathrm{T} \boldsymbol{Z}^\mathrm{T} \boldsymbol{Z} \boldsymbol{N} \mathrm{d}V \tag{67}$$

考虑压电本构关系式(6),内功的微分 δW_{int} 可以表示为

$$\delta W_{\text{int}} = \int_V \left(\delta \boldsymbol{\varepsilon}^\mathrm{T} \boldsymbol{\sigma} - \delta \boldsymbol{E}^\mathrm{T} \boldsymbol{D} \right) \mathrm{d}V = \int_V \left(\delta \boldsymbol{\varepsilon}^\mathrm{T} \boldsymbol{c} \boldsymbol{\varepsilon} - \delta \boldsymbol{\varepsilon}^\mathrm{T} \boldsymbol{e}^\mathrm{T} \boldsymbol{E} - \delta \boldsymbol{E}^\mathrm{T} \boldsymbol{e} \boldsymbol{\varepsilon} - \delta \boldsymbol{E}^\mathrm{T} \boldsymbol{\chi} \boldsymbol{E} \right) \mathrm{d}V \tag{68}$$

化简后可以得到内功微分的表示形式

$$\begin{aligned}
W_{\text{int}} &= \delta \boldsymbol{q}^\mathrm{T} \int_V \boldsymbol{B}^\mathrm{T} \boldsymbol{c} \boldsymbol{B} \mathrm{d}V \boldsymbol{q} + \delta \boldsymbol{q}^\mathrm{T} \left(-\int_V \boldsymbol{B}^\mathrm{T} \boldsymbol{e}^\mathrm{T} \boldsymbol{B}_\phi \mathrm{d}V \boldsymbol{\phi} \right) \\
&\quad + \delta \boldsymbol{\phi}^\mathrm{T} \left(-\int_V \boldsymbol{B}_\phi^\mathrm{T} \boldsymbol{e} \boldsymbol{B} \mathrm{d}V \boldsymbol{q} \right) + \delta \boldsymbol{\phi}^\mathrm{T} \left(-\int_V \boldsymbol{B}_\phi^\mathrm{T} \boldsymbol{\chi} \boldsymbol{B}_\phi \mathrm{d}V \boldsymbol{\phi} \right) \\
&= \delta \boldsymbol{q}^\mathrm{T} (\boldsymbol{K}_{\text{uu}} \boldsymbol{q} + \boldsymbol{K}_{\text{u}\phi} \boldsymbol{\phi}) + \delta \boldsymbol{\phi}^\mathrm{T} (\boldsymbol{K}_{\phi\text{u}} \boldsymbol{q} + \boldsymbol{K}_{\phi\phi} \boldsymbol{\phi})
\end{aligned} \tag{69}$$

式中:$\boldsymbol{K}_{\text{uu}}$、$\boldsymbol{K}_{\text{u}\phi}$、$\boldsymbol{K}_{\phi\text{u}}$ 和 $\boldsymbol{K}_{\phi\phi}$ 分别为全局刚度矩阵、耦合刚度矩阵、耦合电容矩阵和电容矩阵,分别表示为

$$\begin{cases}
\boldsymbol{K}_{\text{uu}} = \int_V \boldsymbol{B}^\mathrm{T} \boldsymbol{c} \boldsymbol{B} \mathrm{d}V \\
\boldsymbol{K}_{\text{u}\phi} = (\boldsymbol{K}_{\phi\text{u}})^T = -\int_V \boldsymbol{B}^\mathrm{T} \boldsymbol{e}^\mathrm{T} \boldsymbol{B}_\phi \mathrm{d}V \\
\boldsymbol{K}_{\phi\phi} = -\int_V \boldsymbol{B}_\phi^\mathrm{T} \boldsymbol{\chi} \boldsymbol{B}_\phi \mathrm{d}V
\end{cases} \tag{70}$$

外功的微分 δW_{ext} 可以表示为

$$\begin{aligned}
\delta W_{\text{ext}} &= \int_V \delta \boldsymbol{u}^\mathrm{T} \boldsymbol{f}_\text{b} \mathrm{d}V + \int_V \delta \boldsymbol{u}^\mathrm{T} \boldsymbol{f}_\text{s} \mathrm{d}V + \delta \boldsymbol{u}^\mathrm{T} \boldsymbol{f}_\text{c} - \int_\Omega \delta \boldsymbol{\phi}^\mathrm{T} \boldsymbol{\varrho} \mathrm{d}\Omega - \delta \boldsymbol{\phi}^\mathrm{T} \boldsymbol{Q}_\text{c} \\
&= \delta \boldsymbol{q}^\mathrm{T} \left(\boldsymbol{F}_{\text{ub}} + \boldsymbol{F}_{\text{us}} + \boldsymbol{F}_{\text{uc}} \right) + \delta \boldsymbol{\phi}^\mathrm{T} \left(\boldsymbol{G}_{\phi\text{s}} + \boldsymbol{G}_{\phi\text{c}} \right)
\end{aligned} \tag{71}$$

式中:$\boldsymbol{f}_\text{b}$、$\boldsymbol{f}_\text{s}$ 和 $\boldsymbol{f}_\text{c}$ 分别为体积力、面力和集中力向量;$\boldsymbol{\varrho}$ 和 $\boldsymbol{Q}_\text{c}$ 分别为均布和集中电向量;$\boldsymbol{F}_{\text{ub}}$、$\boldsymbol{F}_{\text{us}}$ 和 $\boldsymbol{F}_{\text{uc}}$ 分别表示体积力、面力和集中力的全局向量;$\boldsymbol{G}_{\phi\text{s}}$ 和 $\boldsymbol{G}_{\phi\text{c}}$ 分别为施加在压电材料层的面电场和集中电场的全局向量。将式(66)、(69)和(71)代入式(65)中可以得到适用于压电智能结构的机电耦合动力学有限元方程

$$\begin{cases} \boldsymbol{M}_{\mathrm{uu}}\ddot{\boldsymbol{q}} + \boldsymbol{K}_{\mathrm{uu}}\boldsymbol{q} + \boldsymbol{K}_{\mathrm{u\phi}}\boldsymbol{\phi}_{\mathrm{a}} = \boldsymbol{F}_{\mathrm{ue}} \\ \boldsymbol{K}_{\mathrm{\phi u}}\boldsymbol{q} + \boldsymbol{K}_{\mathrm{\phi\phi}}\boldsymbol{\phi}_{\mathrm{s}} = \boldsymbol{G}_{\mathrm{\phi e}} \end{cases} \tag{72}$$

式中：

$$\begin{cases} \boldsymbol{F}_{\mathrm{ue}} = \boldsymbol{F}_{\mathrm{ub}} + \boldsymbol{F}_{\mathrm{us}} + \boldsymbol{F}_{\mathrm{uc}} \\ \boldsymbol{G}_{\mathrm{\phi e}} = \boldsymbol{G}_{\mathrm{\phi s}} + \boldsymbol{G}_{\mathrm{\phi c}} \end{cases} \tag{73}$$

其中 $\boldsymbol{F}_{\mathrm{ue}}$ 和 $\boldsymbol{G}_{\mathrm{\phi e}}$ 分别为外力和外电场向量。此外，$\boldsymbol{\phi}_{\mathrm{a}}$ 和 $\boldsymbol{\phi}_{\mathrm{s}}$ 分别为电压载荷向量和传感电压向量。对于静力学分析，只需删除式（72）中的动力学部分就得到了静力学平衡方程，即

$$\boldsymbol{K}_{\mathrm{uu}}\boldsymbol{q} + \boldsymbol{K}_{\mathrm{u\phi}}\boldsymbol{\phi}_{\mathrm{a}} = \boldsymbol{F}_{\mathrm{ue}} \tag{74}$$

4.6 智能结构计算案例

这里以文献[2]中的压电智能悬臂梁为例，如图 4.23 所示，梁的总长度为 350 mm，宽度为 25 mm，主梁厚度为 0.8 mm，压电片距离固定边为 $L_1 = 50$ mm，压电片的长度 $L_2 = 75$ mm，压电片的厚度为 0.25 mm，压电片贴在主梁上下对称位置。主梁材料为钢，材料参数如表 4.3 所示。

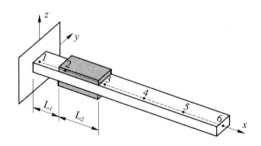

图 4.23 压电智能悬臂梁

表 4.3 材料参数

材料	弹性模量/GPa	泊松比 v	密度 $\rho/(\mathrm{kg \cdot m^{-3}})$
压电材料	67	0.3	7 800
钢	210	0.3	7 900

因为悬臂梁长度远远大于另外两个方向的尺寸，所以可以用一次 Euler-Bernoulli 梁理论来求解。根据结构特征，从 x 轴起点开始单元的长度分别为 50、75、75、75、75 mm，对应的节点如图 4.23 所示。

根据式（58）和（70）得出，单元的刚度矩阵 $\boldsymbol{k}_e$ 表达式为

$$k_e = \int_V \boldsymbol{B}^\mathrm{T}\boldsymbol{c}\boldsymbol{B}\,\mathrm{d}V = \frac{Y}{a^3}\int_A z^2\,\mathrm{d}A\int_{-1}^{1}\boldsymbol{N}''^\mathrm{T}\boldsymbol{N}''\,\mathrm{d}\xi$$

$$= \frac{Y}{2a^3}\int_A z^2\,\mathrm{d}A \begin{bmatrix} 3 & 3a & -3 & 3a \\ 3a & 4a^2 & -3a & 2a^2 \\ -3 & -3a & 3 & -3a \\ 3a & 2a^2 & -3a & 4a^2 \end{bmatrix} \tag{75}$$

式中:A 为梁的横截面积;对于 Euler-Bernoulli 梁来说,$\boldsymbol{c}$ 为材料的杨氏模量 Y。根据式(67)可得出单元的质量矩阵 $\boldsymbol{m}_e$ 的表达式为

$$\boldsymbol{m}_e = \int_V \rho\boldsymbol{N}^\mathrm{T}\boldsymbol{Z}^\mathrm{T}\boldsymbol{Z}\boldsymbol{N}\,\mathrm{d}V = \rho A\int_{-1}^{1}\boldsymbol{N}^\mathrm{T}\boldsymbol{N}a\,\mathrm{d}\xi$$

$$= \frac{\rho A a}{105} \begin{bmatrix} 78 & 22a & 27 & -13a \\ 22a & 8a^2 & 13a & -6a^2 \\ 27 & 13a & 78 & -22a \\ -13a & -6a^2 & -22a & 8a^2 \end{bmatrix} \tag{76}$$

计算单元的刚度矩阵和质量矩阵时,要注意该梁的第二个单元,由钢和压电材料组成,所以计算相应矩阵时需要同时考虑两种材料的弹性模量和密度。

(1) 单元矩阵

第一个单元的刚度矩阵 $\boldsymbol{k}_1$ 和质量矩阵 $\boldsymbol{m}_1$ 分别为

$$\boldsymbol{k}_1 = \begin{array}{cccc} \overset{\text{节点 1}}{\overbrace{\begin{array}{cc} v_1 & \theta_1 \end{array}}} & \overset{\text{节点 2}}{\overbrace{\begin{array}{cc} v_2 & \theta_2 \end{array}}} \end{array}$$

$$\boldsymbol{k}_1 = \begin{bmatrix} 21\,504.000 & 537.600 & -21\,504.000 & 537.600 \\ 537.600 & 17.920 & -537.600 & 8.960 \\ -21\,504.000 & -537.600 & 21\,504.000 & -537.600 \\ 537.600 & 8.960 & -537.600 & 17.920 \end{bmatrix} \begin{array}{l} v_1 \\ \theta_1 \end{array}\text{节点 1} \atop \begin{array}{l} v_2 \\ \theta_2 \end{array}\text{节点 2} \tag{77}$$

$$\begin{array}{cccc} \overset{\text{节点 1}}{\overbrace{\begin{array}{cc} v_1 & \theta_1 \end{array}}} & \overset{\text{节点 2}}{\overbrace{\begin{array}{cc} v_2 & \theta_2 \end{array}}} \end{array}$$

$$\boldsymbol{m}_1 = 10^{-5}\times \begin{bmatrix} 293.429 & 2.069 & 101.571 & -1.223 \\ 2.069 & 0.019 & 1.223 & -0.014 \\ 101.571 & 1.223 & 293.429 & -2.069 \\ -1.223 & -0.014 & -2.069 & 0.019 \end{bmatrix} \begin{array}{l} v_1 \\ \theta_1 \end{array}\text{节点 1} \atop \begin{array}{l} v_2 \\ \theta_2 \end{array}\text{节点 2} \tag{78}$$

第二个单元的刚度矩阵 $\boldsymbol{k}_2$ 和质量矩阵 $\boldsymbol{m}_2$ 应分为两部分计算,钢材部分用 $\boldsymbol{k}_{2\text{-steel}}$ 和 $\boldsymbol{m}_{2\text{-steel}}$ 表示,压电部用 $\boldsymbol{k}_{2\text{-piezo}}$ 和 $\boldsymbol{m}_{2\text{-piezo}}$ 表示。根据式(75)可得

$$\boldsymbol{k}_{\text{2-steel}} = \begin{matrix} & \overset{\text{节点 2}}{} & & \overset{\text{节点 3}}{} \\ & \overset{v_1}{} \quad \overset{\theta_1}{} & \overset{v_2}{} & \overset{\theta_2}{} \\ \begin{bmatrix} 6\ 371.556 & 238.933 & -6\ 371.556 & 238.933 \\ 238.933 & 11.947 & -238.933 & 5.973 \\ -6\ 371.556 & -238.933 & 6\ 371.556 & -238.933 \\ 238.933 & 5.973 & -238.933 & 11.947 \end{bmatrix} & \begin{matrix} v_1 \\ \theta_1 \\ v_2 \\ \theta_2 \end{matrix} & \begin{matrix} \text{节点 2} \\ \\ \text{节点 3} \end{matrix} \end{matrix} \tag{79}$$

$$\boldsymbol{k}_{\text{2-piezo}} = \begin{matrix} & \overset{\text{节点 2}}{} & & \overset{\text{节点 3}}{} \\ & \overset{v_1}{} \quad \overset{\theta_1}{} & \overset{v_2}{} & \overset{\theta_2}{} \\ \begin{bmatrix} 6\ 690.074 & 250.878 & -6\ 690.074 & 250.878 \\ 250.878 & 12.544 & -250.878 & 6.272 \\ -6\ 690.074 & -250.878 & 6\ 690.074 & -250.878 \\ 250.878 & 6.272 & -250.878 & 12.544 \end{bmatrix} & \begin{matrix} v_1 \\ \theta_1 \\ v_2 \\ \theta_2 \end{matrix} & \begin{matrix} \text{节点 2} \\ \\ \text{节点 3} \end{matrix} \end{matrix} \tag{80}$$

式(79)和(80)相加,得单元 2 的刚度矩阵,即

$$\boldsymbol{k}_2 = \begin{matrix} & \overset{\text{节点 2}}{} & & \overset{\text{节点 3}}{} \\ & \overset{v_1}{} \quad \overset{\theta_1}{} & \overset{v_2}{} & \overset{\theta_2}{} \\ \begin{bmatrix} 13\ 061.630 & 489.811 & -13\ 061.630 & 489.811 \\ 489.811 & 24.491 & -489.811 & 12.245 \\ -13\ 061.630 & -489.811 & 13\ 061.630 & -489.811 \\ 489.811 & 12.245 & -489.811 & 24.491 \end{bmatrix} & \begin{matrix} v_1 \\ \theta_1 \\ v_2 \\ \theta_2 \end{matrix} & \begin{matrix} \text{节点 2} \\ \\ \text{节点 3} \end{matrix} \end{matrix} \tag{81}$$

同样地,根据式(76)可得

$$\boldsymbol{m}_{\text{2-steel}} = 10^{-5} \times \begin{matrix} & \overset{\text{节点 2}}{} & & \overset{\text{节点 3}}{} \\ & \overset{v_1}{} \quad \overset{\theta_1}{} & \overset{v_2}{} & \overset{\theta_2}{} \\ \begin{bmatrix} 440.143 & 4.655 & 152.357 & -2.751 \\ 4.655 & 0.063 & 2.751 & -0.048 \\ 152.357 & 2.751 & 440.143 & -4.655 \\ -2.751 & -0.048 & -4.655 & 0.063 \end{bmatrix} & \begin{matrix} v_1 \\ \theta_1 \\ v_2 \\ \theta_2 \end{matrix} & \begin{matrix} \text{节点 2} \\ \\ \text{节点 3} \end{matrix} \end{matrix} \tag{82}$$

$$\boldsymbol{m}_{\text{2-piezo}} = 10^{-5} \times \begin{matrix} & \overset{\text{节点 2}}{} & & \overset{\text{节点 3}}{} \\ & \overset{v_1}{} \quad \overset{\theta_1}{} & \overset{v_2}{} & \overset{\theta_2}{} \\ \begin{bmatrix} 271.607 & 2.873 & 94.018 & -1.698 \\ 2.873 & 0.039 & 1.698 & -0.029 \\ 94.018 & 1.698 & 271.607 & -2.873 \\ -1.698 & -0.029 & -2.873 & 0.039 \end{bmatrix} & \begin{matrix} v_1 \\ \theta_1 \\ v_2 \\ \theta_2 \end{matrix} & \begin{matrix} \text{节点 2} \\ \\ \text{节点 3} \end{matrix} \end{matrix} \tag{83}$$

同理,得到第二个单元的质量矩阵,即

$$
m_2 = 10^{-5} \times
\begin{matrix}
& \overset{\text{节点 2}}{\overbrace{}} & \overset{\text{节点 3}}{\overbrace{}} & \\
& \begin{matrix} v_1 & \quad \theta_1 & \quad v_2 & \quad \theta_2 \end{matrix} & & \\
\begin{bmatrix} 711.750 & 7.528 & 246.375 & -4.448 \\ 7.528 & 0.103 & 4.448 & -0.077 \\ 246.375 & 4.448 & 711.750 & -7.528 \\ -4.448 & -0.077 & -7.528 & 0.103 \end{bmatrix} & \begin{matrix} v_1 & \text{节点 2} \\ \theta_1 & \\ v_2 & \text{节点 3} \\ \theta_2 & \end{matrix}
\end{matrix}
\tag{84}
$$

对于第三、第四和第五个单元的刚度矩阵 $k_{3,4,5}$ 和质量矩阵 $m_{3,4,5}$ 也是一样的,其结果分别为

$$
k_{3,4,5} =
\begin{bmatrix}
6\,371.556 & 238.933 & -6\,371.556 & 238.933 \\
238.933 & 11.947 & -238.933 & 5.973 \\
-6\,371.556 & -238.933 & 6\,371.556 & -238.933 \\
238.933 & 5.973 & -238.933 & 11.947
\end{bmatrix}
\begin{matrix} v_1 & \text{节点 3,4,5} \\ \theta_1 & \\ v_2 & \text{节点 4,5,6} \\ \theta_2 & \end{matrix}
\tag{85}
$$

$$
m_{3,4,5} = 10^{-5} \times
\begin{bmatrix}
440.143 & 4.655 & 152.357 & -2.751 \\
4.655 & 0.063 & 2.751 & -0.048 \\
152.357 & 2.751 & 440.143 & -4.655 \\
-2.751 & -0.048 & -4.655 & 0.063
\end{bmatrix}
\begin{matrix} v_1 & \text{节点 3,4,5} \\ \theta_1 & \\ v_2 & \text{节点 4,5,6} \\ \theta_2 & \end{matrix}
\tag{86}
$$

(2) 全局矩阵

求出单元矩阵后,需要将所有单元矩阵组装成为整个结构的整体矩阵。结构共有 6 个节点,每个节点 2 个自由度,所以结构总计有 12 个自由度,即整体矩阵维数 12×12。通过对单元矩阵的求解可知,单元 1 对节点 1、2 有贡献,单元 2 对节点 2、3 有贡献,单元 3 对节点 3、4 有贡献,单元 4 对节点 4、5 有贡献,单元 5 对节点 5、6 有贡献。将与节点相连的所有单元对该节点的贡献加起来就完成了对该节点的组装,将组装好的所有节点放到整体矩阵的相应位置就完成了整体矩阵的组装。这里组装后的全局刚度矩阵 K_{uu} 与质量矩阵 M_{uu} 分别如式(86)和(87)所示。由于悬臂梁固支的是节点 1 的位置,故删除节点 1 对应的行和列得到的整体刚度矩阵 K_{uu} 与质量矩阵 M_{uu} 分别如式(88)和(89)所示。

$$K_{uu} = \begin{bmatrix}
21\,504.000 & 537.600 & -21\,504.000 & 537.600 & 0 & 0 & 0 & 0 & 0 & 0 & 0 & 0 \\
537.600 & 17.920 & -537.600 & 8.960 & 0 & 0 & 0 & 0 & 0 & 0 & 0 & 0 \\
-21\,504.000 & -537.600 & 34\,565.630 & -47.789 & -13\,061.630 & 489.811 & 12.245 & 0 & 0 & 0 & 0 & 0 \\
537.600 & 8.960 & -47.789 & 42.411 & -489.811 & 12.245 & 0 & 0 & 0 & 0 & 0 & 0 \\
0 & 0 & -13\,061.630 & -489.811 & 19\,433.185 & -250.878 & -6\,371.556 & 238.933 & 0 & 0 & 0 & 0 \\
0 & 0 & 489.811 & 12.245 & -250.878 & 36.437 & -238.933 & 5.973 & 0 & 0 & 0 & 0 \\
0 & 0 & 12.245 & 0 & -6\,371.556 & -238.933 & 12\,743.111 & 0.000 & -6\,371.556 & 238.933 & 0 & 0 \\
0 & 0 & 0 & 0 & 238.933 & 5.973 & 0.000 & 23.893 & -238.933 & 5.973 & 0 & 0 \\
0 & 0 & 0 & 0 & 0 & 0 & -6\,371.556 & -238.933 & 12\,743.111 & 0.000 & -6\,371.556 & 238.933 \\
0 & 0 & 0 & 0 & 0 & 0 & 238.933 & 5.973 & 0.000 & 23.893 & -238.933 & 5.973 \\
0 & 0 & 0 & 0 & 0 & 0 & 0 & 0 & -6371.556 & -238.933 & 6\,371.556 & -238.933 \\
0 & 0 & 0 & 0 & 0 & 0 & 0 & 0 & 238.933 & 5.973 & -238.933 & 11.947
\end{bmatrix} \tag{87}$$

$$M_{uu} = 10^{-5} \times \begin{bmatrix}
293.429 & 2.069 & 101.571 & -1.223 & 0 & 0 & 0 & 0 & 0 & 0 & 0 & 0 \\
2.069 & 0.019 & 1.223 & -0.014 & 0 & 0 & 0 & 0 & 0 & 0 & 0 & 0 \\
101.571 & 1.223 & 1\,005.179 & 5.459 & 246.375 & -4.448 & 0 & 0 & 0 & 0 & 0 & 0 \\
-1.223 & -0.014 & 5.459 & 0.121 & 4.448 & -0.077 & 0 & 0 & 0 & 0 & 0 & 0 \\
0 & 0 & 246.375 & 4.448 & 1\,151.893 & -2.873 & 152.357 & -2.751 & 0 & 0 & 0 & 0 \\
0 & 0 & -4.448 & -0.077 & -2.873 & 0.166 & 2.751 & -0.048 & 0 & 0 & 0 & 0 \\
0 & 0 & 0 & 0 & 152.357 & 2.751 & 880.286 & 0 & 152.357 & -2.751 & 0 & 0 \\
0 & 0 & 0 & 0 & -2.751 & -0.048 & 0 & 0.127 & 2.751 & -0.048 & 0 & 0 \\
0 & 0 & 0 & 0 & 0 & 0 & 152.357 & 2.751 & 880.286 & 0 & 152.357 & -2.751 \\
0 & 0 & 0 & 0 & 0 & 0 & -2.751 & -0.048 & 0 & 0.127 & 2.751 & -0.048 \\
0 & 0 & 0 & 0 & 0 & 0 & 0 & 0 & 152.357 & 2.751 & 440.143 & -4.655 \\
0 & 0 & 0 & 0 & 0 & 0 & 0 & 0 & -2.751 & -0.048 & -4.655 & 0.063
\end{bmatrix} \tag{88}$$

$$
\boldsymbol{K}_{uu} =
\begin{bmatrix}
34\,565.630 & -47.789 & -13\,061.630 & 489.811 & 0 & 0 & 0 & 0 & 0 & 0 \\
-47.789 & 42.411 & -489.811 & 12.245 & 0 & 0 & 0 & 0 & 0 & 0 \\
-13\,061.630 & -489.811 & 19\,433.185 & -250.878 & -6\,371.556 & 238.933 & 0 & 0 & 0 & 0 \\
489.811 & 12.245 & -250.878 & 36.437 & -238.933 & 5.973 & 0 & 0 & 0 & 0 \\
0 & 0 & -6\,371.556 & -238.933 & 12\,743.111 & 0 & -6\,371.556 & 238.933 & 0 & 0 \\
0 & 0 & 238.933 & 5.973 & 0 & 23.893 & -238.933 & 5.973 & 0 & 0 \\
0 & 0 & 0 & 0 & -6\,371.556 & -238.933 & 12\,743.111 & 0 & -6\,371.556 & 238.933 \\
0 & 0 & 0 & 0 & 238.933 & 5.973 & 0 & 23.893 & -238.933 & 5.973 \\
0 & 0 & 0 & 0 & 0 & 0 & -6\,371.556 & -238.933 & 6\,371.556 & -238.933 \\
0 & 0 & 0 & 0 & 0 & 0 & 238.933 & 5.973 & -238.933 & 11.947
\end{bmatrix}
\tag{89}
$$

$$
\boldsymbol{M}_{uu} = 10^{-5} \times
\begin{bmatrix}
1\,005.179 & 5.459 & 246.375 & -4.448 & 0 & 0 & 0 & 0 & 0 & 0 \\
5.459 & 0.121 & 4.448 & -0.077 & 0 & 0 & 0 & 0 & 0 & 0 \\
246.375 & 4.448 & 1\,151.893 & -2.873 & 152.357 & -2.751 & 0 & 0 & 0 & 0 \\
-4.448 & -0.077 & -2.873 & 0.166 & 2.751 & -0.048 & 0 & 0 & 0 & 0 \\
0 & 0 & 152.357 & 2.751 & 880.286 & 0 & 152.357 & 2.751 & 0 & 0 \\
0 & 0 & -2.751 & -0.048 & 0 & 0.127 & -2.751 & -0.048 & 0 & 0 \\
0 & 0 & 0 & 0 & 152.357 & 2.751 & 880.286 & 0 & 152.357 & -2.751 \\
0 & 0 & 0 & 0 & -2.751 & -0.048 & 0 & 0.127 & 2.751 & -0.048 \\
0 & 0 & 0 & 0 & 0 & 0 & 152.357 & 2.751 & 440.143 & -4.655 \\
0 & 0 & 0 & 0 & 0 & 0 & -2.751 & -0.048 & -4.655 & 0.063
\end{bmatrix}
\tag{90}
$$

在结构节点 6 处沿 y 方向施加 1 N 的集中力，则结构产生的位移与转角可通过下式求解获得，即

$$
\boldsymbol{K}_{uu}
\begin{bmatrix}
v \\ \theta \end{bmatrix}\text{节点 1} \\
\begin{bmatrix} v \\ \theta \end{bmatrix}\text{节点 2} \\
\begin{bmatrix} v \\ \theta \end{bmatrix}\text{节点 3} \\
\begin{bmatrix} v \\ \theta \end{bmatrix}\text{节点 4} \\
\begin{bmatrix} v \\ \theta \end{bmatrix}\text{节点 5}
=
\begin{bmatrix}
0 \\ 0 \\ 0 \\ 0 \\ 0 \\ 0 \\ 0 \\ 0 \\ 1 \\ 0
\end{bmatrix}
\tag{91}
$$

求解得各节点的位移与转角为

$$
\begin{bmatrix}
v \\ \theta \end{bmatrix}\text{节点 2} \\
\begin{bmatrix} v \\ \theta \end{bmatrix}\text{节点 3} \\
\begin{bmatrix} v \\ \theta \end{bmatrix}\text{节点 4} \\
\begin{bmatrix} v \\ \theta \end{bmatrix}\text{节点 5} \\
\begin{bmatrix} v \\ \theta \end{bmatrix}\text{节点 6}
= \boldsymbol{K}_{uu}{}^{-1}
\begin{bmatrix}
0 \\ 0 \\ 0 \\ 0 \\ 0 \\ 0 \\ 0 \\ 0 \\ 1 \\ 0
\end{bmatrix}
=
\begin{bmatrix}
0.002 \\ 0.073 \\ 0.009 \\ 0.115 \\ 0.020 \\ 0.178 \\ 0.035 \\ 0.216 \\ 0.052 \\ 0.228
\end{bmatrix}
\tag{92}
$$

式中：节点位移 v 的单位为 m；转角 θ 的单位为 rad。可知该梁结构自由端在 y 方向上的位移为 0.052 m。

得到结构的全局质量矩阵和刚度矩阵后可直接求解结构的固有频率。由于这里采用 Euler-Bernoulli 梁假设，只包含弯曲模态，而文献[2]采用的板单元除弯曲模态外还包含扭转模态，故这里只列出前三阶频率对比结果，如表 4.4 所示。可以看出，结果之间的偏差很小。此方法能够正确计算梁结构频率。

表 4.4　频率对比结果

阶数	当前结果	文献[2]	偏差/%
1	6.03	6.07	0.58
2	33.14	33.30	0.40
3	95.06	95.14	0.01

思考题

1. 材料的本构方程代表什么?

2. 一智能结构由 PZT 和复合材料层构成,如下图所示,各层材料参数为 $Y=$ 63 GPa、$\upsilon=0.3$、$d_{31}=d_{32}=2.54\times10^{-10}$ m/V,其中在某一压电片加载电压 300 V,试问等效弯矩为多少? 并在图中标出弯矩的方向。

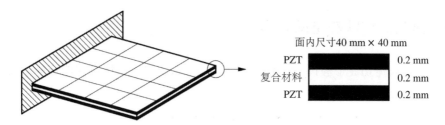

3. 有限元方法中,单元类型有哪几种? 应用场合有何区别?

4. 板壳假设有哪几种,至少说出三种。各种假设的优劣特性如何?

5. 有一智能薄壁结构,若采用 8 节点四边形板壳单元计算,试问:①若网格为 4×4,画出节点;②若要施加均匀分布的单位面力,则每个节点应施加多少压强?

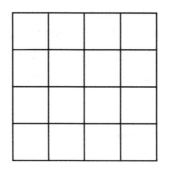

参考文献

[1] Zhang S Q. Nonlinear analysis of thin-walled smart structures [M]. Berlin: Springer, 2021.

[2] Zhang S Q, Schmidt R, Müller P C, et al. Disturbance rejection control for vibration suppression of smart beams and plates under a high frequency excitation [J]. Journal of Sound and Vibration, 2015, 353:19—37.

第5章 智能结构主动控制方法

5.1 压电结构状态空间方程

采用一阶剪切变形假设,以及通过有限元方法,获得压电层合智能结构动力学方程和传感方程[1],即

$$\begin{cases} \boldsymbol{M}_{uu}\ddot{\boldsymbol{q}} + \boldsymbol{C}_{uu}\dot{\boldsymbol{q}} + \boldsymbol{K}_{uu}\boldsymbol{q} + \boldsymbol{K}_{u\phi}\boldsymbol{\varphi}_a = \boldsymbol{F}_{ue} \\ \boldsymbol{K}_{\phi u}\boldsymbol{q} + \boldsymbol{K}_{\phi\phi}\boldsymbol{\phi}_s = 0 \end{cases} \tag{1}$$

式中:$\boldsymbol{M}_{uu}$、$\boldsymbol{C}_{uu}$、$\boldsymbol{K}_{uu}$、$\boldsymbol{K}_{u\phi}$、$\boldsymbol{K}_{\phi u}$ 和 $\boldsymbol{K}_{\phi\phi}$ 分别为质量矩阵、阻尼矩阵、刚度矩阵、压电耦合刚度矩阵、压电耦合电容矩阵和电容矩阵;$\boldsymbol{F}_{ue}$、$\boldsymbol{q}$、$\boldsymbol{\phi}_a$ 和 $\boldsymbol{\phi}_s$ 分别为外力向量、节点位移向量、致动电压向量和传感输出电压向量。

任何一个结构,理论上有无穷多个模态。每一个模态包含一个固有频率和与之对应的振形。固有频率从低到高,依次称为 $1,2,\cdots,n$ 阶固有频率,与 i 阶固有频率对应的振形也称为 i 阶振形。振形代表结构振动的趋势。在有限元建模时,网格划分粗细程度不同,导致数学模型自由度不同,最后动力方程包含的模态阶数也不相同。对于悬臂梁,前 3 阶的振形如图 5.1 所示,均为弯曲变形。

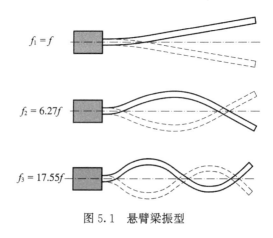

图 5.1 悬臂梁振型

在压电智能结构动力学方程中,各个自由度是相互耦合在一起的。实际上影响结构最大的是前几阶模态,如前 3 阶或 6 阶。因此,对各个自由度进行解耦并截断模态变得很有必要。引入模态位移,自由度可表示为

$$q = S \cdot z \tag{2}$$

式中:S 为模态矩阵;z 为模态位移。将式(2)代入式(1)中,可得

$$\tilde{M}_{uu}\ddot{z} + \tilde{C}_{uu}\ddot{z} + \tilde{K}_{uu}z = S^T F_{ue} - S^T K_{u\phi}\phi_a \tag{3}$$

式中:

$$\begin{cases} \tilde{M}_{uu} = S^T M_{uu} S \\ \tilde{C}_{uu} = S^T C_{uu} S \\ \tilde{K}_{uu} = S^T K_{uu} S \end{cases} \tag{4}$$

其中 $\tilde{M}_{uu}$、$\tilde{C}_{uu}$ 和 $\tilde{K}_{uu}$ 变为对角矩阵,动力学方程为解耦方程,可以进行任意模态截断。

若采用归一化的模态矩阵

$$\hat{S}_i = \frac{S_i}{\sqrt{S_i^T M_{uu} S_i}} \tag{5}$$

则智能结构动力学方程可以解耦为

$$\begin{bmatrix} \ddot{z}_1 \\ \ddot{z}_1 \\ \vdots \\ \ddot{z}_n \end{bmatrix} + \begin{bmatrix} 2\zeta_1\omega_1 & & & \\ & 2\zeta_2\omega_2 & & \\ & & \ddots & \\ & & & 2\zeta_n\omega_n \end{bmatrix} \begin{bmatrix} \dot{z}_1 \\ \dot{z}_2 \\ \vdots \\ \dot{z}_n \end{bmatrix} + \begin{bmatrix} \omega_1^2 & & & \\ & \omega_2^2 & & \\ & & \ddots & \\ & & & \omega_n^2 \end{bmatrix} \begin{bmatrix} z_1 \\ z_2 \\ \vdots \\ z_n \end{bmatrix} = \begin{bmatrix} \tilde{F}_1 \\ \tilde{F}_2 \\ \vdots \\ \tilde{F}_n \end{bmatrix} \tag{6}$$

式(5)中 S_i 为第 i 阶模态向量,即模态矩阵的第 i 列向量,ω_i 为第 i 阶角频率,ζ_i 为第 i 阶阻尼比。

为了能够获得状态空间方程,定义状态向量 x、系统输入 u 和系统输出 y 为

$$x = \begin{bmatrix} z_r \\ \dot{z}_r \end{bmatrix}, \quad y = \phi_s, \quad u = \phi_a \tag{7}$$

动力学方程可以转化为状态空间方程。以式(3)的动力学方程为例,其状态空间方程为

$$\begin{cases} \dot{x}(t) = Ax(t) + Bu(t) \\ y(t) = Cx(t) \end{cases} \tag{8}$$

式中第一式为状态方程,第二式为输出方程;A 为系统矩阵,B 为控制矩阵,C 为输出矩阵,即

$$\begin{cases} \boldsymbol{A} = \begin{bmatrix} 0 & \boldsymbol{I} \\ -\widetilde{\boldsymbol{M}}_{uu}^{-1}\widetilde{\boldsymbol{K}}_{uu} & -\widetilde{\boldsymbol{M}}_{uu}^{-1}\widetilde{\boldsymbol{C}}_{uu} \end{bmatrix} \\ \boldsymbol{B} = \begin{bmatrix} 0 \\ -\widetilde{\boldsymbol{M}}_{uu}^{-1}\boldsymbol{S}_r^{\mathrm{T}}\boldsymbol{K}_{u\phi} \end{bmatrix} \\ \boldsymbol{C} = \begin{bmatrix} -\boldsymbol{K}_{\phi\phi}^{-1}\boldsymbol{K}_{\phi u}\boldsymbol{S}_r & 0 \end{bmatrix} \end{cases} \tag{9}$$

5.2 系统能控性和能观性

对于线性连续定常系统

$$\dot{\boldsymbol{x}}(t) = \boldsymbol{A}\boldsymbol{x}(t) + \boldsymbol{B}\boldsymbol{u}(t) \tag{10}$$

如果存在一个分段连续的输入,能在有限时间内,使系统由某一状态转移至指定的任一终端状态,则称此状态是可控。若系统的所有状态都是能控的,则称此系统是状态完全能控,简称系统可控。

系统可控充分必要条件是 $\boldsymbol{A}$ 和 $\boldsymbol{B}$ 构成的能控矩阵

$$\boldsymbol{M} = \begin{bmatrix} \boldsymbol{B} & \boldsymbol{AB} & \boldsymbol{A}^2\boldsymbol{B} & \cdots & \boldsymbol{A}^{n-1}\boldsymbol{B} \end{bmatrix} \tag{11}$$

满秩,即 rank $\boldsymbol{M} = n$,否则系统为不可控。

控制系统大多数为反馈控制。在现代控制理论中,反馈信息通常为状态变量。状态变量是人为定义的,很多时候是不能进行直接测量的物理量。于是提出能否用输出的信息来获取状态变量的信息,这时就需要用到状态变量的观测。

如果对于任意给定的输入,在有限时间内,根据观测期间内的输出信号,能够唯一地确定系统在初始时刻的状态,则称该状态是可观测的。若系统中的每一个状态都是能观测的,则称系统是状态完全能观测,或简称系统能观。

系统能观的充分必要条件是 $\boldsymbol{A}$ 和 $\boldsymbol{C}$ 构成的能观矩阵

$$\boldsymbol{N} = \begin{bmatrix} \boldsymbol{C} & \boldsymbol{CA} & \cdots & \boldsymbol{CA}^{n-1} \end{bmatrix}^{\mathrm{T}} \tag{12}$$

满秩,即 rank $\boldsymbol{N} = n$,否则系统为不可观。

5.3 PID 控制方法

比例-积分-微分(Proportional-integral-derivative,PID)控制器理论最早由俄裔美国工程师 Nicolas Minorsky 于 1922 年提出。由于算法简单、鲁棒性好和可靠性高,是目前工业上应用最广泛的控制器之一。PID 控制算法用途十分广泛,在智能结构领域可应用于压电智能结构的振动抑制。PID 控制器由比例单元(P)、积分单元(I)和微分单元(D)组成,各个单元都有各自的作用。

比例单元:成比例地反映控制系统的偏差信号 $e(t)$,偏差一旦产生,控制器立即产生控制作用以减小偏差。当偏差 $e=0$ 时,控制作用也为 0。因此,比例控制是基于偏差进行调节的,即有差调节。

积分单元:对偏差进行记忆,主要用于消除静差,提高系统的无差度,积分作用的强弱取决于积分时间常数。

微分单元:反映偏差信号的变化趋势(变化速率),并能在偏差信号值变得过大之前,在系统中引入一个有效的早期修正信号,从而加快系统的动作速度,减少调节时间。

压电智能结构的状态空间模型可表示为

$$
\begin{cases}
\dot{\boldsymbol{x}}(t) = \boldsymbol{A}\boldsymbol{x}(t) + \boldsymbol{B}\boldsymbol{u}(t) \\
\boldsymbol{y}(t) = \boldsymbol{C}\boldsymbol{x}(t)
\end{cases}
\tag{13}
$$

PID 控制器是一种线性控制器,可以通过在执行器上施加电压来实现,这取决于输出偏差 $e(t)$ 及其积分和导数,如图 5.2 所示。向量 $\boldsymbol{r}(t)$、$\boldsymbol{y}(t)$、$\boldsymbol{e}(t)$ 和 $\boldsymbol{u}(t)$ 分别为参考信号、测量输出、输出误差和系统输入。

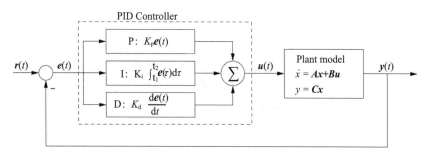

图 5.2　PID 控制框图

另外,输出偏差定义为

$$
\boldsymbol{e}(t) = \boldsymbol{r}(t) - \boldsymbol{y}(t)
\tag{14}
$$

根据 PID 算法的定义,将偏差的比例、积分和微分通过线性组合构成控制量,对受控对象进行控制。控制规律为

$$
\boldsymbol{u}(t) = K_{\mathrm{p}}\boldsymbol{e}(t) + K_{\mathrm{i}}\int_{0}^{t}\boldsymbol{e}(\tau)\mathrm{d}\tau + K_{\mathrm{d}}\frac{\mathrm{d}\boldsymbol{e}(t)}{\mathrm{d}t}
\tag{15}
$$

传递函数表达式为

$$
G(s) = \frac{U(s)}{E(s)} = K_{\mathrm{p}} + K_{\mathrm{i}}\frac{1}{s} + K_{\mathrm{d}}s
\tag{16}
$$

式中:K_{p}、K_{i} 和 K_{d} 分别表示比例系数、积分系数和微分系数。比例项产生与输出误差成比例的控制动作。高比例增益对给定的输出误差有很强的控制作用。然

而,高比例增益会使系统变得不稳定。积分项是一个与误差总和成比例的控制量,误差的总和即累积误差量。积分项可以消除纯比例控制器存在的剩余稳态误差。然而,整体部分也会造成较大的超调。微分项的计算方法是确定误差随时间的变化速率,并将这个变化速率乘以增益。微分作用可以预测系统的行为,从而提高系统的稳定时间和稳定性。

在智能结构的振动控制领域中,参考信号通常被设为零,即控制的目的是消除振动。因此,式(14)可表达为

$$e(t) = -y(t) = -Cx(t) \tag{17}$$

由于积分部分的存在,需要引入一个新的状态变量来推导具有 PID 控制器的时间连续闭环状态空间模型。引入一个新的状态变量

$$\boldsymbol{\vartheta}(t) = \int_0^t \boldsymbol{y}(\tau)\,\mathrm{d}\tau \tag{18}$$

其导数为

$$\dot{\boldsymbol{\vartheta}}(t) = \boldsymbol{y}(t) \tag{19}$$

将式(17)代入式(15)得

$$u = -K_{\mathrm{p}}Cx - K_{\mathrm{i}}\boldsymbol{\vartheta} - K_{\mathrm{d}}C\dot{x} \tag{20}$$

定义扩展状态向量为

$$\tilde{x} = \begin{bmatrix} x \\ \boldsymbol{\vartheta} \end{bmatrix} \tag{21}$$

基于扩展的状态向量 $\tilde{x}$,可以得到含 PID 控制器的闭环状态空间模型

$$\begin{cases} \dot{\tilde{x}} = \begin{bmatrix} \tilde{A}_{11} & \tilde{A}_{12} \\ \tilde{A}_{21} & \tilde{A}_{22} \end{bmatrix} \tilde{x} = \tilde{A}\tilde{x} \\ y = \begin{bmatrix} C & 0 \end{bmatrix} \tilde{x} \end{cases} \tag{22}$$

式中:

$$\begin{cases} \tilde{A}_{11} = (I + BK_{\mathrm{d}}C)^{-1}(A - BK_{\mathrm{d}}C) \\ \tilde{A}_{12} = (I + BK_{\mathrm{d}}C)^{-1}(-BK_{\mathrm{i}}) \\ \tilde{A}_{21} = C \\ \tilde{A}_{22} = 0 \end{cases} \tag{23}$$

被控系统的输入信号,即 PID 控制器的输出,可表示为

$$u = (I + K_{\mathrm{d}}CB)^{-1}\begin{bmatrix} -(K_{\mathrm{p}}C + K_{\mathrm{d}}CA) & -K_{\mathrm{i}} \end{bmatrix}\tilde{x} \tag{24}$$

为了充分展示 PID 控制的特点,将阶跃扰动、周期扰动和随机扰动作为干扰加载到智能结构中,使用 PID 对智能结构振动进行控制。如图 5.3 所示,双压电

悬臂梁为被控对象,主结构尺寸为 350mm×25mm×0.8 mm,压电片尺寸为 75mm×25mm×0.25 mm。压电片粘贴于离固定端 50 mm 处,上层压电片为传感器,下层压电片为驱动器,压电片的极化方向由里朝外。该智能结构以弹簧钢作为主体结构,压电材料作为传感器与致动器,材料属性如表 5.1 所示。在自由端施加一个集中力的扰动。

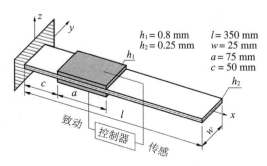

图 5.3　压电悬臂梁示意图

表 5.1　压电悬臂梁材料参数

钢	锆钛酸铅(PZT)
$E=210\ GPa$	$E=67\ GPa$
$\upsilon=0.3$	$\upsilon=0.3$
$\rho=7\ 900\ kg/m^3$	$\rho=7\ 800\ kg/m^3$
	$d_{31}=d_{32}=-2.1\times10^{-10}\ C/N$
	$\epsilon_{33}=2.13\times10^{-8}\ F/m$

基于 FOSD 板壳假设,建立线性压电耦合动力有限元模型,如式(1)所示。假设前 6 阶振形的阻尼比为 0.8%,采用瑞利阻尼系数法计算了阻尼矩阵。为验证该有限元模型正确性,采用 8 节点二次型板壳单元,沿 x 和 y 轴分别为 5×1 和 14×1 的单元网格,计算前 5 阶固有频率,如表 5.2 所示。从表中可以看出,两种网格计算结果比较接近,可任选其中一个模型用于控制的设计。

表 5.2　压电悬臂梁频率计算(Hz)

网格	一阶	二阶	三阶	四阶	五阶
5×1	6.130 0	33.531 4	97.045 0	162.419 2	175.993 6
14×1	6.067 0	33.270 6	95.080 6	163.434 2	175.023 3

从 PID 算法的理论方法出发,三个控制增益 K_p、K_i 和 K_d 分别抵消了输出的误差、累积误差和动态误差。表 5.3 列出了控制仿真中使用的增益,各种增益下效果各不相同。

表 5.3　PID 控制器参数

控制类型	组号	K_p	K_i	K_d
	PID，case 1	0	0	0.198
D 控制	PID，case 2	0	0	0.424
	PID，case 3	0	0	0.759
	PID，case 4	4.5	0	0.198
PD 控制	PID，case 5	17.2	0	0.424
	PID，case 6	66	0	0.759
	PID，case 7	4.5	200	0.198
PID 控制	PID，case 8	17.2	200	0.424
	PID，case 9	66	200	0.759

自由振动的悬臂梁，输出位移在零点附近振荡，不存在稳态误差。因此，K_p 和 K_i 对阻尼比没有影响。对于双压电片悬臂梁的自由振动，仅使用三种不同增益的微分控制进行仿真，控制效果如图 5.4 所示。结果表明，在自由振动情况下，较大的增益 K_d 导致较大的阻尼比。如果 K_d 太大，系统会变得不稳定，通过调节 K_d，有较好的抑振效果。

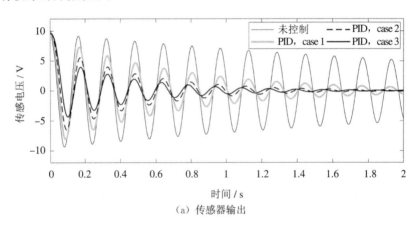

（a）传感器输出

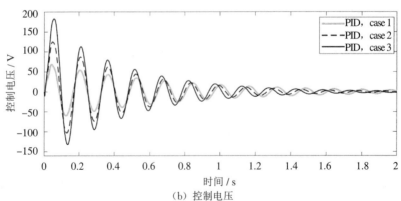

（b）控制电压

图 5.4　压电悬臂梁自由振动下的 PID 控制

使用一个阶跃力激励双压电片悬臂梁。PID控制在各参数下的动态响应如图5.5所示。结果表明,D控制(PID-case 1)对系统的动态振动有明显的抑制作用,对系统的稳态误差没有明显的抑制作用。

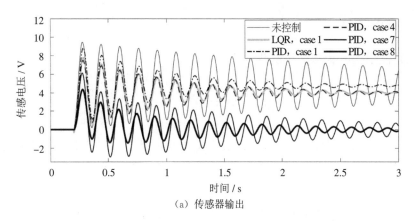

（a）传感器输出

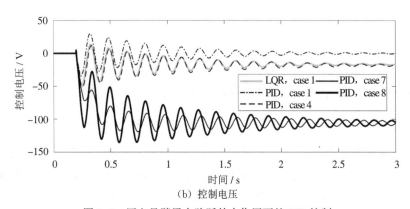

（b）控制电压

图5.5　压电悬臂梁在阶跃外力作用下的PID控制

在微分控制的基础上,引入K_p形成PD控制(PID-case 4),不仅使动态部分衰减,而且使稳态误差减小。进一步考虑稳态误差的积分,得到的PID控制(PID-case 7)完全消除了稳态误差。然而,整体式结构会使结构的动态性能变差。同样,可以调整K_p和K_d来改善动态行为,如PID-case 8的预测结果。

5.4　最优控制方法

最优控制是指以最小成本运行一个动态系统,主要采用线性二次调节器(Linear Quadratic Regulator,LQR)控制,这是一种完全状态反馈控制。由于系统中的状态变量通常情况下无法完全测量,LQR控制的实施受到限制。为了克服这一缺点,有学者提出了线性二次高斯观测器,根据测量信号估计状态变量。组合控制策略 LQR/LQG 控制(也称为 LQG 控制)使用 LQG 作为观测器估计状态变量,LQR 作为最优解通过最小化代价函数来产生控制增益。

5.4.1 LQR 控制

从智能结构的状态空间模型出发

$$
\begin{cases}
\dot{\boldsymbol{x}}(t) = \boldsymbol{Ax}(t) + \boldsymbol{Bu}(t) \\
\boldsymbol{y}(t) = \boldsymbol{Cx}(t) \\
\boldsymbol{z}(t) = \boldsymbol{Fx}(t) + \boldsymbol{Gu}(t)
\end{cases}
\tag{25}
$$

假设所有的状态变量完全可测,通过最小化成本函数可以获得最优的控制增益。控制向量可以通过增益与状态量相乘得到,LQR 控制的原理如图 5.6 所示。

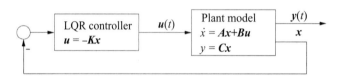

图 5.6 LQR 控制示意图

成本函数可以定义为被控输出与系统输入的能量之和,表示为

$$
J_{\text{LQR}} = \int_{t_0}^{\infty} \left(\boldsymbol{z}(t)^{\text{T}} \overline{\boldsymbol{Q}} \boldsymbol{z}(t) + \rho \boldsymbol{u}(t)^{\text{T}} \overline{\boldsymbol{R}} \boldsymbol{u}(t) \right) \mathrm{d}t
\tag{26}
$$

式中:$\overline{\boldsymbol{Q}}$ 和 $\overline{\boldsymbol{R}}$ 分别是被控输出能量和输入能量的权重矩阵,两者是对称的正定矩阵。此外,正的系数 ρ 用于调节被控输出能量和系统输入能量的比重。实际上,还没有合适的方法精确计算权重矩阵,但通常可以用 Bryson 法则[2]来近似计算

$$
\overline{Q}_{ii} = \frac{1}{\max(|z_i|^2)}, \quad \overline{R}_{ii} = \frac{1}{\max(|u_i|^2)}
\tag{27}
$$

式中:"$|\cdot|$"为绝对值。将式(25)的第 3 项代入式(26)得到以状态向量 $\boldsymbol{x}(t)$ 和输入向量 $\boldsymbol{u}(t)$ 表示的成本函数一般形式,即

$$
J_{\text{LQR}} = \int_{t_0}^{\infty} \left(\boldsymbol{x}(t)^{\text{T}} \boldsymbol{Q}_{\text{r}} \boldsymbol{x}(t) + \boldsymbol{u}(t)^{\text{T}} \boldsymbol{R}_{\text{r}} \boldsymbol{u}(t) + 2\boldsymbol{x}(t)^{\text{T}} \boldsymbol{N}_{\text{r}} \boldsymbol{u}(t) \right) \mathrm{d}t
\tag{28}
$$

式中:

$$
\boldsymbol{Q}_{\text{r}} = \boldsymbol{F}^{\text{T}} \overline{\boldsymbol{Q}} \boldsymbol{F}; \quad \boldsymbol{R}_{\text{r}} = \boldsymbol{G}^{\text{T}} \overline{\boldsymbol{Q}} \boldsymbol{G} + \rho \overline{\boldsymbol{R}}; \quad \boldsymbol{N}_{\text{r}} = \boldsymbol{F}^{\text{T}} \overline{\boldsymbol{Q}} \boldsymbol{G}
\tag{29}
$$

在 LQR 问题的状态反馈控制策略中,假设所有的状态变量都是已知的,从而可以控制被控对象。全状态反馈 LQR 最优控制的控制输入定义为

$$
\boldsymbol{u} = -\boldsymbol{Kx}
\tag{30}
$$

控制增益为

$$K = R_r^{-1}(B^T P + N_r^T) \tag{31}$$

此处,对称正定矩阵 P 是下列代数 Riccati 方程(Algebraic Riccati Equation, ARE)的解,即

$$A^T P + PA + Q_r - (PB + N_r)R_r^{-1}(B^T P + N_r^T) = 0 \tag{32}$$

将式(30)代入式(25)的状态空间模型,得到含 LQR 控制器的闭环系统

$$\begin{cases} \dot{x} = (A - BK)x \\ y = Cx \end{cases} \tag{33}$$

为了验证 LQR 控制的特点,将 LQR 控制应用在双压电片悬臂梁智能结构中。LQR 控制需要两个加权矩阵 $\overline{Q}$ 和 $\overline{R}$,其值可以通过式(27)中给出的 Bryson 规则近似计算。例如,设置最大输出和最大输入分别为 10 V 和 100 V,则加权矩阵 $\overline{Q}$ 和 $\overline{R}$ 分别为 1×10^{-2} 和 1×10^{-4},其他组合如表 5.4 所示。

表 5.4 LQR 控制参数

组号	$\overline{Q}$	$\overline{R}$	ρ	最大输出/V	最大输入/V
LQR,case 1	1×10^{-2}	1×10^{-4}	1	10	100
LQR,case 2	4×10^{-2}	1×10^{-4}	1	5	100
LQR,case 3	4×10^{-2}	2.5×10^{-5}	1	5	200

对压电悬臂梁的自由振动进行控制仿真。在自由端施加 0.2 N 的集中力,然后释放。利用表 5.4 中给出的 LQR 控制参数,自由振动抑制情况如图 5.7 所示。结果表明,增大 $\overline{Q}$ 或减小 $\overline{R}$ 会使控制输入电压幅值增大,从而使振动幅值减小。

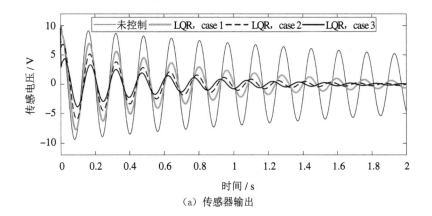

(a) 传感器输出

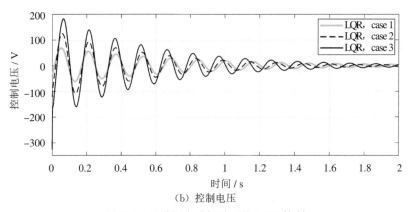

（b）控制电压

图 5.7　悬臂梁自动振动下的 LQR 控制

5.4.2　LQG 控制

　　LQR 控制方案是一种全状态反馈的控制方案，要求所有的状态变量都完全可测量。然而，在大多数情况下，状态变量在现实中是无法完全测量的，因为有些状态变量很难被测量，甚至不可能被测量。因此，提出了一种 LQG 控制策略，根据被控系统输出信号，采用观测器重构状态变量，替代式（30）中的真实状态变量形成基于观测状态变量的控制向量，流程如图 5.8 所示。

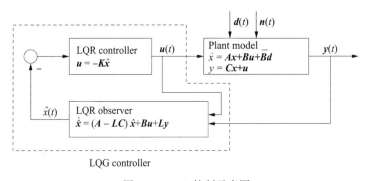

图 5.8　LQG 控制示意图

　　LQG 控制的控制矢量定义为

$$u(t) = -K\hat{x}(t) \tag{34}$$

估计的状态向量 $\hat{x}(t)$ 通过使用龙伯格（Luenberger）观测器实现

$$\begin{cases} \dot{\hat{x}} = A\hat{x} + Bu + L(y - \hat{y}) \\ \hat{y} = C\hat{x} \end{cases} \tag{35}$$

式中：L 为观测器增益矩阵。理论上，观测器增益越大，误差收敛速度越快。

然而,较大的观测器增益同时放大了测量噪声。设计 LQG 控制器的对象模型既要考虑干扰,又要考虑测量噪声。构建一个含噪声的状态空间模型用于 LQG 控制设计,即

$$\begin{cases} \dot{x}(t) = Ax(t) + Bu(t) + \overline{B}d(t) \\ y(t) = Cx(t) + n(t) \\ z(t) = Fx(t) + Gu(t) \end{cases} \tag{36}$$

式中:$d(t)$ 为施加在被控对象上的干扰噪声向量;$\overline{B}$ 为干扰噪声影响矩阵;$n(t)$ 为测量噪声向量。

真实状态向量与其估计值之间的误差称为估计误差

$$e_x = x - \hat{x} \tag{37}$$

对估计误差时间求导,得到误差动态模型

$$\dot{e}_x = (A - LC)e_x + \overline{B}d - Ln \tag{38}$$

由此可见,观测器增益矩阵 L 不仅会影响 $(A - LC)$ 的特征值,而且会放大测量噪声。为了平衡误差动力学的收敛速度和噪声的放大程度,可以采用 LQG 方法确定最优观测器增益。由此产生的观测器称为卡尔曼—布西滤波器或线性二次估计器[2]。

观测器增益的设计是为了估计误差的渐近期望值最小,即

$$J_{LQG} = \lim_{t \to \infty} E\big(e_x(t)^T e_x(t)\big) \tag{39}$$

式中:$E(\cdot)$ 表示期望。假设 $d(t)$ 和 $n(t)$ 是互不相关的零均值高斯噪声向量,其协方差为

$$E\big(d(t_1), d(t_2)\big) = Q_g \delta(t_1 - t_2) \tag{40}$$

$$E\big(n(t_1), n(t_2)\big) = R_g \delta(t_1 - t_2) \tag{41}$$

根据式(39)中给出的准则,得到了优化的观测器增益

$$L = PC^T R_g^{-1} \tag{42}$$

式中:P 为正定矩阵,通过求解观测器代数 Riccati 方程得到,即

$$AP + PA^T + \overline{B}Q_g\overline{B}^T - PC^T R_g^{-1} CP = 0 \tag{43}$$

如果 P 是正定的,则式(38)中定义的误差动态模型是渐近稳定的。由于被控对象的状态变量难以测量甚至不可能测量,使得估计的状态变量被反馈给 LQG 控制器,而不是被控对象的真实状态变量。

为构建闭环控制模型,定义扩展状态向量

$$\tilde{x} = \begin{bmatrix} x \\ e_x \end{bmatrix} \tag{44}$$

基于扩展的状态向量,控制向量可以写成

$$u=-K(x-e_x)=[-K \quad K]\tilde{x} \tag{45}$$

将式(45)代入式(36)的状态方程,得到

$$\dot{x}=(A-BK)x+BKe_x+\overline{B}d \tag{46}$$

因此,含 LQR/LQG 控制器的闭环系统为

$$
\begin{cases}
\begin{bmatrix} \dot{x} \\ \dot{e}_x \end{bmatrix}=\begin{bmatrix} A-BK & BK \\ 0 & A-LC \end{bmatrix}\begin{bmatrix} x \\ e_x \end{bmatrix}+\begin{bmatrix} \overline{B} & 0 \\ \overline{B} & -L \end{bmatrix}\begin{bmatrix} d \\ n \end{bmatrix} \\
y=\begin{bmatrix} C & 0 \end{bmatrix}\begin{bmatrix} x \\ e_x \end{bmatrix}+n \\
z=\begin{bmatrix} F-GK & GK \end{bmatrix}\begin{bmatrix} x \\ e_x \end{bmatrix}
\end{cases} \tag{47}
$$

为了展现 LQG 控制的特点,将 LQG 控制应用于双压电片悬臂梁结构的振动控制中。LQG 控制需要两个额外的加权矩阵 Q_g 和 R_g 来计算观测器增益,观测器增益可以由系统中的噪声确定,控制仿真的所有参数如表 5.5 所示。

表 5.5　LQG 控制参数

组号	$\overline{Q}$	$\overline{R}$	ρ	Q_g	R_g
LQG, case 1				1×10^{-10}	1×10^{-6}
LQG, case 2	4×10^{-2}	2.5×10^{-5}	1	1×10^{-10}	1×10^{-8}
LQG, case 3				1×10^{-8}	1×10^{-12}

Q_g 较大意味着考虑了较大的干扰噪声,R_g 较大意味着考虑了较大的测量噪声。采用 LQR-case 3 的 $\overline{Q}$ 和 $\overline{R}$ 值,对三种不同的 LQG 观测器增益加权矩阵进行对比分析,得到结果如图 5.9 所示。从图中可以看出,使用表 5.5 中的参数进行 LQR 和 LQG 控制得到的结果都是相同的,说明加权矩阵 Q_g 和 R_g 对自由振动情况下的阻尼没有影响。

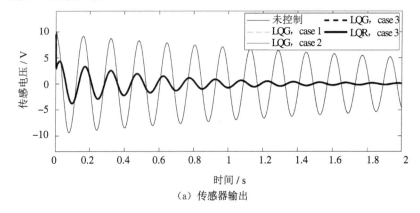

(a) 传感器输出

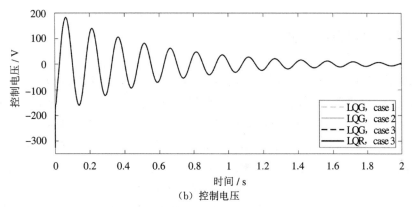

（b）控制电压

图 5.9　悬臂梁自由振动下的 LQG 控制

施加一个阶跃扰动力，幅值为 0.1 N，作用起始时间为 0.2 s，得到 LQG 控制的动态特性，如图 5.10 所示。可以看出，Q_g 和 R_g 影响稳态误差，而稳态误差的抑制效果不如 LQR 控制好。由此可见，LQG 控制效果并不比 LQR 控制好。

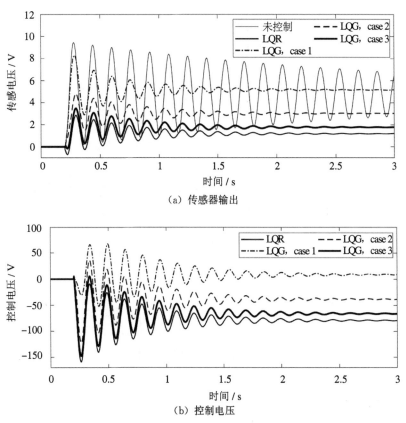

（a）传感器输出

（b）控制电压

图 5.10　悬臂梁在阶跃外力作用下的 LQG 控制

5.5　抗干扰控制方法

壁板结构的振动往往是由外界的扰动引起的。常规的 PID、LQR、LQG 控制方法,仅根据系统传感器的输出进行控制设计。这是因为通常情况下,外界的扰动是未知的,没有对其进行测量反馈,或者无法对外界的扰动进行测量。近年来,一些学者提出了抗扰(Disturbance Rejection,DR)控制策略,用于对未知扰动的预测、反馈并控制。该方法最先由德国 Müller 教授[3-4] 提出并应用,后由张顺琦等[1,5-6]进行了扩展与完善,并应用于智能结构的主动振动控制。主动抗扰控制的基本思路如图 5.11 所示,智能结构系统在一个未知的干扰下,首先构建一个比例积分或通用比例积分观测器,在估计状态变量的同时估计未知扰动,然后把估计的状态变量和扰动作为反馈输入控制器中,设计一个包括状态估计和扰动估计的控制规律,最后得到闭环的控制系统。

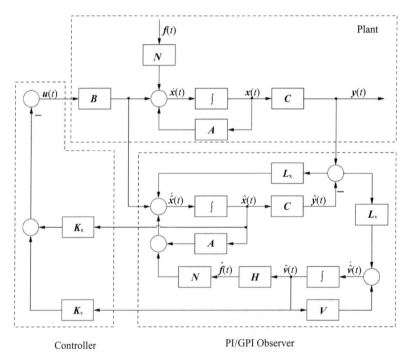

图 5.11　抗扰控制示意图

5.5.1　问题描述

考虑智能结构在一未知的外力或未知的电压扰动下,系统可以构建为

$$\begin{cases} \dot{x}(t) = Ax(t) + Bu(t) + Nf(t) \\ y(t) = Cx(t) \\ z(t) = Fx(t) + Gu(t) \end{cases} \tag{48}$$

式中：x、u、y 别为 n 维状态向量、r 维的输入向量、m 维的输出向量；f 代表 p 维的未知扰动向量；N 是扰动对系统的影响矩阵。系统矩阵、控制矩阵、输出矩阵和干扰影响矩阵的秩分别为

$$\text{rank } A = n, \ \text{rank } B = r, \ \text{rank } C = m, \ \text{rank } N = p \tag{49}$$

5.5.2　扰动虚构模型

由于扰动是未知的，其信号形式也是未知的，可能是周期信号，或随机信号，或线性信号，或非线性信号。假设扰动可分为线性部分或残差，即

$$f(t) = Hv(t) + \Delta(t) \tag{50}$$

式中：H 为线性部分的系统矩阵；$v(t)$ 为基函数向量；$\Delta(t)$ 为可忽略的残差向量。

由此，可以将未知扰动信号表达成状态空间的形式，即

$$\begin{cases} f(t) \approx Hv(t) \\ \dot{v}(t) = Vv(t) \end{cases} \tag{51}$$

式中：V 和 H 分别为虚构的扰动状态空间模型的系统矩阵和输出矩阵。选择合适的 V 和 H 矩阵，需要对被控对象和干扰有较好的理解。

任何一个未知扰动信号，都可以用傅立叶级数表示为

$$f_i = a_{i0} + \sum_{j=1}^{\infty} \left(a_{ij}\cos(\omega_{ij}t) + b_{ij}\sin(\omega_{ij}t) \right) \tag{52}$$

只保留一项常数项，是扰动最简单的一种表示方式，即

$$f_i \approx a_{i0} \tag{53}$$

这意味着扰动用阶跃函数表示，那么 p 维的扰动向量可以用 p 个阶跃基本函数表示。基函数集可以取

$$v_1 = a_{10}, \ v_2 = a_{20}, \ \cdots, v_p = a_{p0} \tag{54}$$

将阶跃函数作为基函数虚构的扰动状态空间模型，其系统矩阵和输出矩阵为

$$H = I, \quad V = 0 \tag{55}$$

由式(55)所确立的观测器称为比例积分观测器，也称为 PI(Proportional-Integral)观测器[2]。Müller 教授证明了，只要观测器跟踪足够快，即使采用阶跃函数作为基函数，也能实现对任意扰动的跟踪。

如果将扰动表示成非线性方程，可采用高次多项式方程或正余弦函数，如

$$f_i \approx a_{i0} + a_{i1}\cos(\omega_{i1}t) \tag{56}$$

式中：ω_{i1} 为基函数角频率，且当角频率未知时，可取任意值，如 $\omega_{i1} = 1$。当未知扰

动的角频率已知时,可采用扰动的角频率作为基函数角频率。假设智能结构受到一个外力时,基函数为

$$v_1 = a_{10}, \quad v_2 = a_{11}\cos(\omega_{11}t), \quad v_3 = a_{11}\sin(\omega_{11}t) \tag{57}$$

由此,未知扰动状态空间模型的系统矩阵和输出矩阵为

$$\boldsymbol{H} = \begin{bmatrix} 1 & 1 & 0 \end{bmatrix}, \quad \boldsymbol{V} = \begin{bmatrix} 0 & 0 & 0 \\ 0 & 0 & -\omega \\ 0 & \omega & 0 \end{bmatrix} \tag{58}$$

式中:$\omega = \omega_{i1}$。此时,虚构的扰动状态方程由非线性基函数集所构建,包括了常量和余弦分量,与阶跃作为基函数相比,具有更好的动态特性。

5.5.3 扩展观测器

将虚构的扰动,即式(50)代入状态方程式(48),可以得到

$$\dot{\boldsymbol{x}} = \boldsymbol{Ax} + \boldsymbol{Bu} + \boldsymbol{NHv} + \boldsymbol{N\Delta} \tag{59}$$

为了能够构建标准的状态空间方程,引入新的状态变量

$$\tilde{\boldsymbol{x}} = \begin{bmatrix} \boldsymbol{x} \\ \boldsymbol{v} \end{bmatrix} \tag{60}$$

扩展后的状态空间方程为

$$\begin{bmatrix} \dot{\boldsymbol{x}} \\ \dot{\boldsymbol{v}} \end{bmatrix} = \begin{bmatrix} \boldsymbol{A} & \boldsymbol{NH} \\ 0 & \boldsymbol{V} \end{bmatrix} \begin{bmatrix} \boldsymbol{x} \\ \boldsymbol{v} \end{bmatrix} + \begin{bmatrix} \boldsymbol{B} \\ 0 \end{bmatrix} \boldsymbol{u} + \begin{bmatrix} \boldsymbol{N} \\ 0 \end{bmatrix} \boldsymbol{\Delta} \tag{61}$$

$$\boldsymbol{y} = \begin{bmatrix} \boldsymbol{C} & 0 \end{bmatrix} \begin{bmatrix} \boldsymbol{x} \\ \boldsymbol{v} \end{bmatrix} \tag{62}$$

根据经典的龙伯格观测器结构,扩展状态空间的观测系统为

$$\begin{bmatrix} \dot{\hat{\boldsymbol{x}}} \\ \dot{\hat{\boldsymbol{v}}} \end{bmatrix} = \begin{bmatrix} \boldsymbol{A} & \boldsymbol{NH} \\ 0 & \boldsymbol{V} \end{bmatrix} \begin{bmatrix} \hat{\boldsymbol{x}} \\ \hat{\boldsymbol{v}} \end{bmatrix} + \begin{bmatrix} \boldsymbol{B} \\ 0 \end{bmatrix} \boldsymbol{u} + \begin{bmatrix} \boldsymbol{L}_x \\ \boldsymbol{L}_v \end{bmatrix} (\boldsymbol{y} - \hat{\boldsymbol{y}})$$

$$= \begin{bmatrix} \boldsymbol{A} - \boldsymbol{L}_x\boldsymbol{C} & \boldsymbol{NH} \\ -\boldsymbol{L}_v\boldsymbol{C} & \boldsymbol{V} \end{bmatrix} \begin{bmatrix} \hat{\boldsymbol{x}} \\ \hat{\boldsymbol{v}} \end{bmatrix} + \begin{bmatrix} \boldsymbol{B} \\ 0 \end{bmatrix} \boldsymbol{u} + \begin{bmatrix} \boldsymbol{L}_x \\ \boldsymbol{L}_v \end{bmatrix} \boldsymbol{y} \tag{63}$$

式中:$\boldsymbol{L}_x$ 和 $\boldsymbol{L}_v$ 为观测器增益,可以采用常规方法求解获得,如极点配置法。如果系统可观测,则可以通过设计观测器增益使系统达到渐进稳定。如果系统完全可控,即满足以下要求

$$\text{rank} \begin{bmatrix} \lambda\boldsymbol{I}_n - \boldsymbol{A} & -\boldsymbol{NH} \\ 0 & \lambda\boldsymbol{I}_s - \boldsymbol{V} \\ \boldsymbol{C} & 0 \end{bmatrix} = n + s, \quad \text{对于任意实数} \lambda \tag{64}$$

则可以配置任意特征根[3]。

根据扩展状态空间的观测系统,即式(63),两组状态变量的观测表达式为

$$\begin{cases} \dot{\hat{x}} = A\hat{x} + NH\hat{v} + Bu + L_x(y - \hat{y}) \\ \dot{\hat{v}} = V\hat{v} + L_v(y - \hat{y}) \end{cases} \tag{65}$$

求解式(65),得到

$$\hat{v} = \int_0^t \exp\left(V(t-\tau)\right) L_v\left(y(\tau) - \hat{y}(\tau)\right) d\tau + \exp(Vt)\hat{v}_0 \tag{66}$$

式中:$\hat{v}_0$ 代表扰动基函数初始值,通常情况为 0;exp 代表指数操作。假设 $\hat{v}_0 = 0$,并且把式(66)代入式(65),可得

$$\dot{\hat{x}} = A\hat{x} + Bu + NH\int_0^t \exp\left(V(t-\tau)\right) L_v\left(y(\tau) - \hat{y}(\tau)\right) d\tau + L_x(y - \hat{y}) \tag{67}$$

当采用阶跃函数构建扰动虚拟模型时,即 $H = I, V = 0$,状态变量空间的估计考虑了测量误差($y - \hat{y}$)的比例项和积分项,这就是称为比例积分观测器的原因。

当采用非线性函数,包括高次多项式、正弦函数、余弦函数等构建扰动虚拟模型时,$H \neq I, V \neq 0$,状态变量空间的估计考虑了测量误差($y - \hat{y}$)的比例项和加权积分项,此观测模型称为通用比例积分观测器,又称 GPI(Generalized PI)观测器[4-5]。

5.5.4　动态估计误差分析

一个好的观测器,必须是稳定且收敛的。首先构建其动态误差模型,并进行分析。对于智能结构主动振动控制,状态和干扰的估计误差分别定义为

$$\begin{cases} e_x = x - \hat{x} \\ e_f = f - H\hat{v} \end{cases} \tag{68}$$

把式(50)代入式(68),并忽略残差项,可得

$$e_f = Hv + \Delta - H\hat{v} \approx H(v - \hat{v}) \tag{69}$$

重新定义一个误差

$$e_v = v - \hat{v} \tag{70}$$

则估计误差的动态模型可以表示成状态空间方程形式

$$\begin{bmatrix} \dot{e}_x \\ \dot{e}_v \end{bmatrix} = \begin{bmatrix} A - L_x C & NH \\ -L_v C & V \end{bmatrix} \begin{bmatrix} e_x \\ e_v \end{bmatrix} + \begin{bmatrix} N\Delta \\ 0 \end{bmatrix}$$

$$= A_b \begin{bmatrix} e_x \\ e_v \end{bmatrix} + \begin{bmatrix} N\Delta \\ 0 \end{bmatrix} \tag{71}$$

式中：

$$\begin{cases} \boldsymbol{A}_{\mathrm{b}} = \boldsymbol{A}_{\mathrm{e}} - \begin{bmatrix} \boldsymbol{L}_{\mathrm{x}} \\ \boldsymbol{L}_{\mathrm{v}} \end{bmatrix} \boldsymbol{C}_{\mathrm{e}} \\ \boldsymbol{A}_{\mathrm{e}} = \begin{bmatrix} \boldsymbol{A} & \boldsymbol{NH} \\ 0 & \boldsymbol{V} \end{bmatrix} \\ \boldsymbol{C}_{\mathrm{e}} = \begin{bmatrix} \boldsymbol{C} & 0 \end{bmatrix} \end{cases} \tag{72}$$

有了动态误差的状态空间模型，就可以设计系统矩阵 $\boldsymbol{A}_{\mathrm{b}}$，使其稳定并快速收敛。除了观测器的增益是未知的，其余变量代表智能结构本身，均已知且不可改变。下一步要设计和求解观测器增益，使动态误差稳定且尽快趋近于零。

5.5.5 观测增益设计

为了能够更好地观测状态变量，动态误差模型必须稳定且收敛。根据 Lyapunov 稳定准则，若动态误差系统矩阵满足 Lyapunov 代数方程，即

$$\boldsymbol{A}_{\mathrm{b}}^{\mathrm{T}} \boldsymbol{P} + \boldsymbol{P} \boldsymbol{A}_{\mathrm{b}} = -\boldsymbol{Q} \tag{73}$$

式中：$\boldsymbol{Q}$ 为任意对称正定矩阵。

如果对于任意

$$\boldsymbol{Q} = \boldsymbol{Q}^{\mathrm{T}} > 0 \tag{74}$$

存在唯一的

$$\boldsymbol{P} = \boldsymbol{P}^{\mathrm{T}} > 0 \tag{75}$$

说明满足 Lyapunov 代数方程，动态误差渐近稳定且收敛。

再定义观测器增益可以用下式计算：

$$\begin{bmatrix} \boldsymbol{L}_{\mathrm{x}}^{\mathrm{T}} & \boldsymbol{L}_{\mathrm{v}}^{\mathrm{T}} \end{bmatrix} = \boldsymbol{C}_{\mathrm{e}} \boldsymbol{P}^{-1} \tag{76}$$

将式(72)的第一项和式(76)代入式(73)，得到

$$\boldsymbol{A}_{\mathrm{e}}^{\mathrm{T}} \boldsymbol{P} + \boldsymbol{P} \boldsymbol{A}_{\mathrm{e}} = 2\boldsymbol{C}_{\mathrm{e}}^{\mathrm{T}} \boldsymbol{C}_{\mathrm{e}} - \boldsymbol{Q} \tag{77}$$

式中：未知变量矩阵 $\boldsymbol{P}$ 为对称正定矩阵，一般有两种方法求解获得，第一种方法采用标准 Lyapunov 方程并进行求解，第二种采用标准 Riccati 方程并进行求解。

（1）**方法一：采用标准 Lyapunov 方程**

由 Lyapunov 稳定性理论可知，对于任意对称正定矩阵 $\boldsymbol{Q}$，都要满足 Lyapunov 方程，因此假设

$$\boldsymbol{Q} = 2a\boldsymbol{P} + b\boldsymbol{I} \ (a > 0, b > 0) \tag{78}$$

将式(78)代入式(77)，可得

$$(\boldsymbol{A}_{\mathrm{e}} + a\boldsymbol{I})^{\mathrm{T}} \boldsymbol{P} + \boldsymbol{P}(\boldsymbol{A}_{\mathrm{e}} + a\boldsymbol{I}) = 2\boldsymbol{C}_{\mathrm{e}}^{\mathrm{T}} \boldsymbol{C}_{\mathrm{e}} - b\boldsymbol{I} \tag{79}$$

代入任意 a 和 b 都可以求解出矩阵 $\boldsymbol{P}$。这些 $\boldsymbol{P}$ 并非全部是可行结果，还需要满足 $\boldsymbol{A}_{\mathrm{b}}$ 矩阵所有特征根都位于复平面左边，保证动态误差稳定。Lyapunov 方程的求

解可以通过 Matlab 命令"lyap"实现。

（2）方法二：采用标准 Riccati 方程

通过数学的方法，把式（77）转换为标准 Riccati 方程。首先，式（77）可以重新写成

$$A_e^T P + P A_e - 2 C_e^T C_e + Q = 0 \tag{80}$$

两边同乘以 P^{-1}，得到

$$P^{-1} A_e^T + A_e P^{-1} - 2 P^{-1} C_e^T C_e P^{-1} + P^{-1} Q P^{-1} = 0 \tag{81}$$

假设

$$Q = b P^2 \, (b > 0) \tag{82}$$

代入式（81），得到标准 Riccati 方程

$$P^{-1} A_e^T + A_e P^{-1} - 2 P^{-1} C_e^T C_e P^{-1} + b I = 0 \tag{83}$$

同样，不同的 b 可以求解得到不同的 P。有效的解应同时满足动态误差系统矩阵 A_b 稳定且收敛。参数 b 越大，所求得的观测器增益就越大，状态量估计所需时间就越短。但是随着 b 的增大，系统噪声也会被放大。

5.5.6 控制律设计

通过观测器可以得到不能测量的状态量和未知扰动的估计值。以估计的状态量和扰动作为测量反馈值。控制律可以分为两部分，一部分是针对估计的状态量，另一部分是针对估计的干扰，可表达为

$$u = -K_x \hat{x}(t) - K_v \hat{v}(t) \tag{84}$$

式中：K_x 和 K_v 分别为状态量和扰动的控制增益。状态量控制增益可以通过极点配置法或 LQR 二次型调节器得到。扰动的控制增益用于补偿未知扰动，需要通过一定的数学方法求得。

假设状态量与扰动基函数向量存在线性关系，即

$$x = X v \tag{85}$$

其一阶导数为

$$\dot{x} = X \dot{v} = X V v \tag{86}$$

将式（86）代入智能结构状态空间方程，

$$\begin{cases} (A - B K_x) X - X V - B K_v + N H = 0 \\ (F - G K_x) X - G K_v = 0 \end{cases} \tag{87}$$

求解式（87）有两种方法，即精确求解和近似求解。

（1）方法一：精确求解

从式（87）可知，未知量 X 分布在前两项的左右两侧，给直接求解带来了困难。

根据 V 矩阵的变量分布属性,可以将 X、K_v 和 H 进行拆分

$$\begin{cases} X = \begin{bmatrix} X_1 & X_2 & X_3 \end{bmatrix} \\ K_v = \begin{bmatrix} K_{v1} & K_{v2} & K_{v3} \end{bmatrix} \\ H = \begin{bmatrix} H_1 & H_2 & H_3 \end{bmatrix} \end{cases} \tag{88}$$

代入式(87),得

$$\begin{cases} (A - BK_x)X_1 - BK_{v1} = -NH_1 \\ (A - BK_x)X_2 - \omega X_3 - BK_{v2} = -NH_2 \\ (A - BK_x)X_3 - \omega X_2 - BK_{v3} = -NH_3 \\ (F - GK_x)X_1 - GK_{v1} = 0 \\ (F - GK_x)X_2 - GK_{v2} = 0 \\ (F - GK_x)X_3 - GK_{v3} = 0 \end{cases} \tag{89}$$

表示成矩阵形式为

$$\begin{bmatrix} A - BK_x & 0 & 0 & -B & 0 & 0 \\ 0 & A - BK_x & -\omega I & 0 & -B & 0 \\ 0 & \omega I & A - BK_x & 0 & 0 & -B \\ F - GK_x & 0 & 0 & -G & 0 & 0 \\ 0 & F - GK_x & 0 & 0 & -G & 0 \\ 0 & 0 & F - GK_x & 0 & 0 & -G \end{bmatrix} \begin{bmatrix} X_1 \\ X_2 \\ X_3 \\ K_{v1} \\ K_{v2} \\ K_{v3} \end{bmatrix} = \begin{bmatrix} -NH_1 \\ -NH_2 \\ -NH_3 \\ 0 \\ 0 \\ 0 \end{bmatrix} \tag{90}$$

由此线性方程,很容易求得估计扰动增益。

(2) 方法二:近似求解

如果是低频的或变化缓慢的扰动,其动态特性可忽略不计,因此假设

$$\dot{x} = 0 \tag{91}$$

式(87)可简化为

$$\begin{cases} (A - BK_x)X - BK_v + NH = 0 \\ (F - GK_x)X - GK_v = 0 \end{cases} \tag{92}$$

式(92)可写成矩阵形式

$$\begin{bmatrix} A - BK_x & -B \\ F - GK_x & -G \end{bmatrix} \begin{bmatrix} X \\ K_v \end{bmatrix} = - \begin{bmatrix} NH \\ 0 \end{bmatrix} \tag{93}$$

这种近似求解方法是基于忽略扰动的动态特性。因此,对于高频扰动或变化急促的扰动,由于观测器的时延性质,将无法迅速跟踪扰动信号。对于 PI 观测器,其控制增益求解只能用式(93),因为 PI 观测器 $V = 0$。

5.5.7 闭环控制系统

将抗扰控制的控制律代入状态空间模型,得到包含观测器的闭环模型

$$\begin{cases} \begin{bmatrix} \dot{x} \\ \dot{e}_x \\ \dot{\hat{v}} \end{bmatrix} = \begin{bmatrix} A-BK_x & BK_x & -BK_v \\ 0 & A-L_xC & -NH \\ 0 & L_vC & V \end{bmatrix} \begin{bmatrix} x \\ e_x \\ \hat{v} \end{bmatrix} + \begin{bmatrix} N \\ N \\ 0 \end{bmatrix} f \\[4mm] y = \begin{bmatrix} C & 0 & 0 \end{bmatrix} \begin{bmatrix} x \\ e_x \\ \hat{v} \end{bmatrix} \\[4mm] z = \begin{bmatrix} F-GK_x & GK_x & -GK_v \end{bmatrix} \begin{bmatrix} x \\ e_x \\ \hat{v} \end{bmatrix} \end{cases} \tag{94}$$

此时的控制器输出,即智能结构的输入信号为

$$u = \begin{bmatrix} -K_x & K_x & -K_v \end{bmatrix} \begin{bmatrix} x \\ e_x \\ \hat{v} \end{bmatrix} \tag{95}$$

5.5.8 控制仿真

将未知的扰动假定为施加在双压电片悬臂梁末端的集中力。采用 PI 或 GPI 观测器在智能梁上测试了各种外力扰动下的抗扰控制,即阶跃扰动、谐波扰动、三角波扰动、随机扰动和方波扰动。

(1) 参数配置

在本节的所有情况下,基于权矩阵 $\overline{Q}=1/(10)^2$ 和 $\overline{R}=1/(200)^2$ 推导出 DR 控制的控制增益矩阵 K_x,以及 LQR 控制仿真的控制增益矩阵。在没有说明的情况下,在所有仿真中使用 $b=100$ 求解式(83)的代数 Riccati 方程得到观测器增益。

如前所述,GPI 观测器可以通过式(58)中给出的矩阵 H 和 V 来实现,其中角频率可以是已知的,也可以是未知的。从理论上讲,相同的 H 和 V 矩阵描述的虚构扰动模型将导致 GPI 观测器的性能相同,GPI 观测器估计的扰动也相同。在前面讨论了计算控制增益矩阵 K_v 的两种方法,分别在式(90)中给出了精确解,在式(93)中给出了近似解。因此,对于一个 GPI 观测器,存在四种可能,各种组合如表5.6 所示,其中 ω_0 是周期扰动的频率。

表 5.6 GPI 观测器参数

组号	$\omega/(\mathrm{rad \cdot s^{-1}})$	K_v 的求解方式
GPI, case 1	1	近似求解
GPI, case 2	1	精确求解
GPI, case 3	ω_0	近似求解
GPI, case 4	ω_0	精确求解

仿真中考虑了两种周期扰动,即 $\omega = \pi$ rad/s 的低频扰动和 $\omega = 10\pi$ rad/s 的相对高频扰动。根据考虑的频率,近似或准确地计算出控制增益矩阵 $\boldsymbol{K}_v$,如表 5.7 所示。表 5.7 给出的数据说明,如果周期扰动的频率足够小,近似解和精确解将给出相似的控制增益。否则,较高的扰动频率会显著影响控制增益,从而影响减震的控制效果。

表 5.7　不同情况下的抗扰控制增益

组号	$\omega/\,(\mathrm{rad} \cdot \mathrm{s}^{-1})$	$\boldsymbol{K}_v$	适用范围
GPI,case 1	1	[815.412 2, 815.412 2, 0]	所有情况
GPI,case 2	1	[815.412 2, 815.854 8, 12.693 7]	
GPI,case 3	π	[815.412 2, 815.412 2, 0]	干扰信号缓慢变化
GPI,case 4	π	[815.412 2, 819.801 3, 40.077 9]	
GPI,case 3	10π	[815.412 2, 815.412 2, 0]	干扰信号剧烈变化
GPI,case 4	10π	[815.412 2, 1740.425 6, 890.640 5]	

(2) 阶跃扰动

双压电片悬臂梁受到阶跃扰动的激励,扰动发生在 0.5 s,振幅为 0.1 N。如上所述,获得观测器增益有两种方法,分别是 Lyapunov 方法和 Riccati 方法。使用这两种方法计算的 PI 观测器增益,可以得到估计的阶跃扰动力,如图 5.12 所示。可以看出,用 Lyapunov 方法计算的 PI 观测器的性能不如用 Riccati 方法。前者对超调量较大的阶跃扰动进行了估计,而后者性能较好。但这在很大程度上取决于参数 a 和 b 的选择。

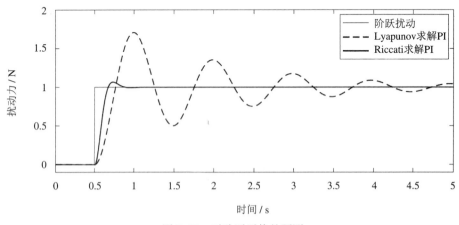

图 5.12　对阶跃干扰的预测

如前所述,观测器增益受到式(83)中参数 b 的影响,该参数决定了观测器的动态行为。使用不同的 b,PI 和 GPI 观测器估计的阶跃扰动信号从 $b=1\times10^{-3}$ 到 $b=1\times10^{10}$,计算结果如图 5.13 所示。一般情况下,GPI 观测器估计的信号上升速度比相同 b 的 PI 观测器快得多,但超调量比 PI 观测器估计的信号超调量大,说明 GPI 观测器具有更好的动态行为。有趣的是,从 $b=1\times10^{-3}$ 到 $b=1$,PI 观测器估计的扰动上升时间随着 b 的增大而减少,然后随着 b 的增大,上升时间增加,但增长缓慢。类似的现象发生在由 GPI 观测器得出的结果中。

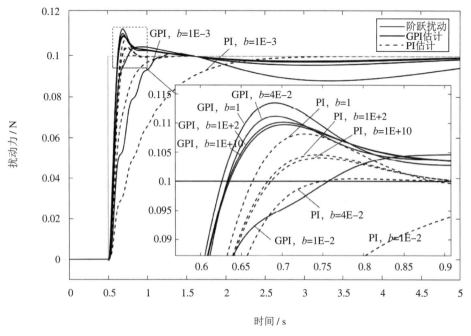

图 5.13　参数 b 对阶跃干扰预测准确性的影响

分别采用 LQR 控制和 PI 或 GPI 观测器的 DR 控制进行仿真对比,如图 5.14 所示。未控制和控制后的传感器信号显示在图 5.14(a)中,相应的控制输入电压如图 5.14(b)所示。DR 控制方法的数据说明,在未知干扰下,含 PI 或 GPI 观测器的 DR 控制比 LQR 控制能更好地控制振动,特别是抑制稳态误差方面。此外,未知的扰动可以通过 PI 或 GPI 观测器进行估计,结果如图 5.14(c)所示。可以看出,GPI 观测器估计的信号上升时间比 PI 观测器短,但超调量大。

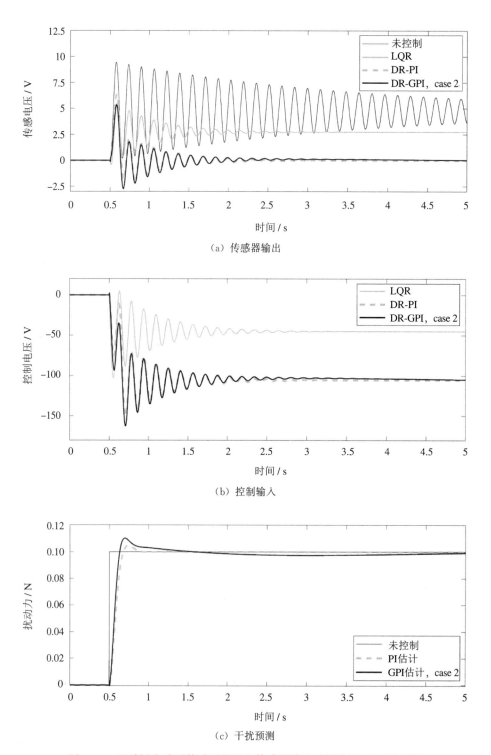

（a）传感器输出

（b）控制输入

（c）干扰预测

图 5.14　悬臂梁在阶跃扰动下的压电传感器输出、控制输入和干扰预测

（3）谐波扰动

在智能梁的尖端施加一个角频率为 π rad/s 的谐波扰动力。谐波干扰由函数 $F(t)=0.1\times\cos(\pi t)$ N 产生，传感器信号和控制输入信号分别如图 5.15(a) 和 (b) 所示。如果扰动完全未知，则考虑 $\omega=1$ rad/s；如果扰动频率已知，则采用 $\omega=\pi$ rad/s。

图 5.15(a) 中的传感器信号说明，采用 PI 或 GPI 观测器的 DR 控制方法对振动幅值的抑制比 LQR 控制方法更小。此外，采用 GPI 观测器（DR-GPI-case 2，$\omega=1$ rad/s）的 DR 控制比采用 PI 观测器的 DR 控制具有更好的抑振性能。如果扰动的角频率是已知的（DR-GPI-case 4），梁的振动很完美地被抑制，如图 5.15(a) 所示。干扰的估计值如图 5.15(c) 所示，表明角频率已知的 GPI 观测器预测干扰几乎完全与真实干扰一致，角频率未知下的 GPI 观测器和 PI 观测器估计干扰几乎相同，都存在轻微的时间延迟。由于 GPI 观测器具有更好的动态行为，即使角频率是未知的，干扰估计时间延迟也比 PI 观测器要小。这可以解释为梁的一阶固

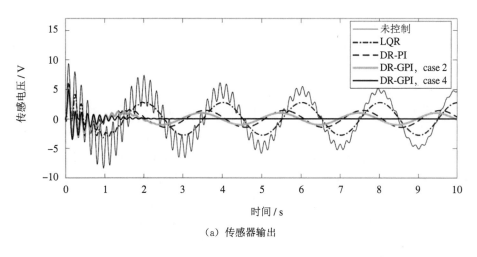

（a）传感器输出

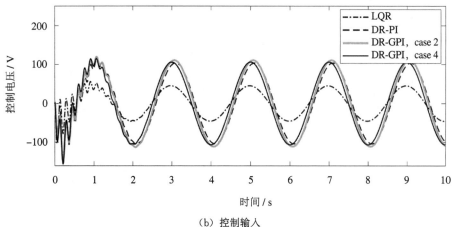

（b）控制输入

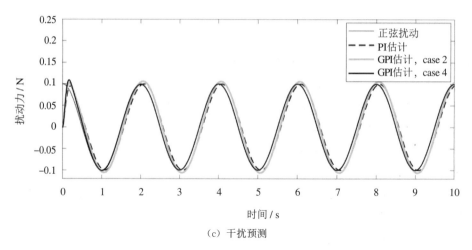

（c）干扰预测

图 5.15　悬臂梁在正弦扰动下的压电传感器输出、控制输入和干扰预测

有频率要比干扰激励频率大得多，干扰的变化相对缓慢，DR 控制总体都比 LQR 控制要好。但是，干扰预测存在延时，对振动的抑制产生明显的负面影响。因此，即使是很少的时间延迟也可能对振动抑制效果产生不利影响。

（4）三角波扰动

在智能梁上加载一周期的三角波扰动，角频率为 $\omega = \pi$ rad/s、振幅为 0.1 N。传感器输出和控制输入分别如图 5.16（a）和（b）所示。在前面的仿真中可以观察到各种控制方案对振动抑制的类似效果。采用 PI 或 GPI 观测器的 DR 控制比 LQR 控制的振动响应抑制效果更好。当三角波扰动的角频率（DR-GPI-case 4）已知时，使用 GPI 观测器可以获得最佳效果。估计的扰动如图 5.16（c）所示，这说明 PI 或 GPI 观测器都可以很好地估计扰动。干扰频率已知的 GPI 观测器预测了这三个信号中最接近原始干扰的信号。

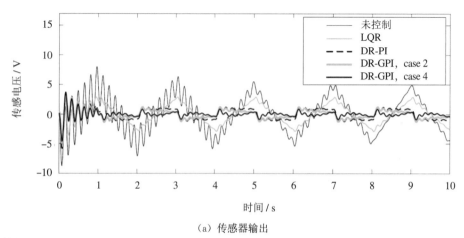

（a）传感器输出

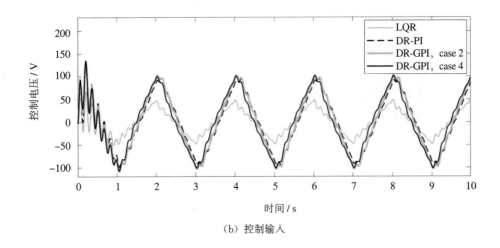

（b）控制输入

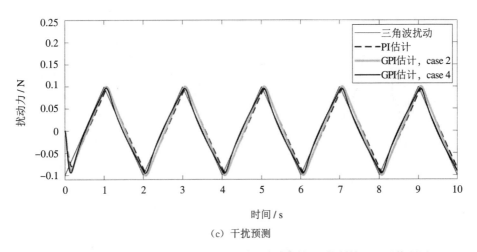

（c）干扰预测

图 5.16　悬臂梁在三角周期扰动下的压电传感器输出、控制输入和干扰预测

（5）随机扰动

对智能梁加载一随机扰动力。传感器输出和控制输入的动态响应分别如图 5.17(a)和(b)所示。真实和估计的扰动力如图 5.17(c)所示。无论是 PI 还是 GPI 观测器的 DR 控制都有显著的阻尼效果。同样，用 GPI 观测器进行 DR 控制（DR-GPI-case 2）获得了最好的效果。

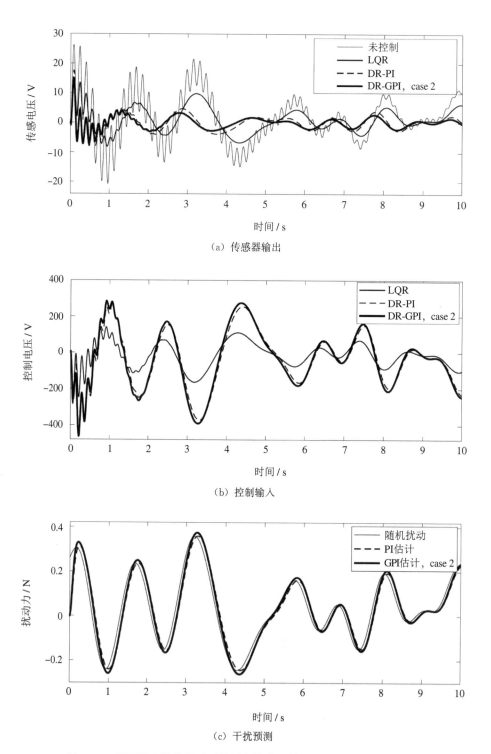

（a）传感器输出

（b）控制输入

（c）干扰预测

图 5.17　悬臂梁在随机扰动下的压电传感器输出、控制输入和干扰预测

（6）相对高频周期性扰动

从以上结果可以看出，DR 控制很好地抑制了周期性扰动引起的振动，但上述仿真所采用的扰动频率相对于第一阶固有频率 6.21 Hz 低很多。当梁受到接近第一阶固有频率的高频周期扰动时，采用 PI 和 GPI 观测器的 DR 控制可能无法成功抑制振动。假设有一周期谐波扰动，频率为 5 Hz、幅值为 0.1 N，得到了未控制/控制后的传感器信号、控制输入信号和估计干扰，分别如图 5.18（a）、(b) 和(c)所示。采用 PI 和 GPI（DR-GPI-case 1）观测器的 DR 控制减振效果非常相似，且均比 LQR 控制减振效果差。由于估计过程中存在上升时间，使得观测器无法重构快速变化的未知扰动。由于估计延迟导致对干扰估计的失真（DR-PI 和 DR-GPI-case 1)，在 DR 控制中考虑了未修正的估计信号，对抑制振动产生负面影响。由于 DR-GPI-case 3 和 DR-GPI-case 4 的 GPI 观测器考虑了干扰的频率，其估计的干扰信号与真实的干扰非常接近，如图 5.18(c)所示。由于 DR-GPI-case 3 的增益采用近似解，振动抑制效果不如采用精确解的 DR-GPI-case 4。但是，DR-GPI-case 3 和 DR-GPI-case 4 的控制效果都优于 LQR 控制。

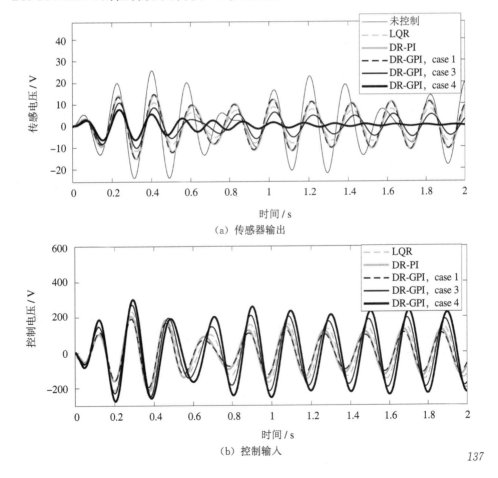

（a）传感器输出

（b）控制输入

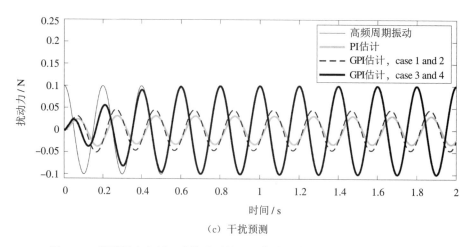

（c）干扰预测

图 5.18　悬臂梁在高频正弦扰动下的压电传感器输出、控制输入和干扰预测

思考题

1. 有一系统动力学方程为 $M\ddot{q}+C\dot{q}+Kq=F$，设系统输出 $y=q$，系统输入 $u=F$，状态变量为 $x=\begin{bmatrix} q & \dot{q} \end{bmatrix}^{\mathrm{T}}$，求该系统的状态空间方程。

2. 假设有一系统的状态空间方程为 $\begin{cases} \dot{x}(t)=Ax(t)+Bu(t) \\ y(t)=Cx(t) \end{cases}$，采用比例积分控制，试求该系统闭环控制的数学模型。

3. LQR 和 LQG 两种控制的区别是什么？

4. 抗扰控制中的 PI 观测器和 GPI 观测器的区别是什么？GPI 观测器有什么优势？

5. 求解抗扰控制观测器增益的两种常用方法是什么？

参考文献

[1] Zhang S Q，Li H N，Schmidt R，et al. Disturbance rejection control for vibration suppression of piezoelectric laminated thin-walled structures [J]. Journal of Sound and Vibration，2014，333：1209—1223.

[2] Hespanha J P. Lecture notes on LQR/LQG controller design [D]. Santa Barbara：University of California，2005.

[3] Müller P C. Design of PI-observers and-compensators for nonlinear control systems [C]// Proceedings of the 14th International Workshop on Dynamics and Control，Moscow-Zvenigorod，Russia，2007：223—231.

[4] Müller P C. Nonlinearity estimation and compensation by linear observers: theory and applications [C]// Proceedings of the 2nd International Conference on Control of Oscillations and Chaos, 2000: 16—21.

[5] Zhang S Q, Schmidt R, Müller P C, et al. Disturbance rejection control for vibration suppression of smart beams and plates under a high frequency excitation [J]. Journal of Sound and Vibration, 2015, 353: 19—37.

[6] Zhang S Q, Zhang X Y, Ji H L, et al. A refined disturbance rejection control for vibration suppression of smart structures under any unknown disturbances [J]. Journal of Low Frequency Noise, Vibration and Active Control, 2021, 40(1): 426—441.

第 6 章　智能结构典型应用

6.1　智能结构应用于形状控制

航空航天装备在不同的飞行阶段,对结构形状有着不同的需求,以减少能耗和提高性能。这类结构在不同的飞行状态需要有不同的外形。本节主要围绕可变形发动机和机翼讲解智能结构典型应用。

6.1.1　可变形发动机结构

发动机是航空领域最核心的部件,飞行器在不同的飞行阶段,对发动机的推力与效率有不同的需求。因此,可变形发动机结构对提高飞行器效率和性能有着重要的意义。

（1）发动机机舱后缘

商用大涵道比涡轮风扇发动机的噪声源是热喷射排气、风扇气流和周围空气的湍流混合。雪佛龙是沿喷嘴后缘的锯齿形气动装置,通过激励自由流、风扇流和一次流的有利混合,已被证明能够操纵发动机排气流并降低机舱和冲击室噪声。为了达到降低噪声的目的,通常将二次排气喷嘴的 V 形部分浸入风扇气流中。然而,这种浸没也会导致阻力增加或推力损失,对于长巡航时间的飞机是一个巨大的损耗。图 6.1 为风扇喷嘴后缘带有雪佛龙的喷气发动机示意图。

飞机发动机机舱后缘的锯齿状结构,在起飞时可减小噪音,但同时也会减小巡航时发动机的推力。为了解决这个矛盾,2010 年波音公司开发了一种带有形状记忆合金致动器的主动锯齿气动装置,被称为可变几何雪佛龙（Variable Geometry Chevron，VGC）,并安装在一台 GE90-115B 喷气发动机上,用于波音 777-300ER 商用飞机,如图 6.2 所示。利用可变形材料提高系统的性能,更好地使任务与运行环境相匹配。这种性能使雪佛龙能够沉浸在气流中,降低起飞和降落时的噪音,同时减少巡航时的推力损失。起飞和巡航条件为雪佛龙后缘结构运动的两个稳定形状。

这种装置已经被证明能够非常有效地减少噪声。起飞或降落时,空气和壁板结构摩擦生热,且发动机燃烧以后也会有一部分热量散出,达到比较高的温度,形

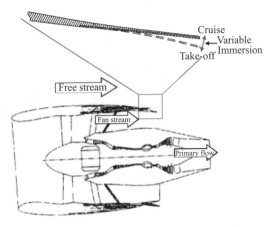

图 6.1　可变雪佛龙的喷气发动机示意图[1]

图 6.2　安装在 GE-115B 上的可变雪佛龙[1]

状记忆合金驱动雪佛龙开口最大,降低起飞和降落时的噪音;在巡航阶段,飞机达到一定高度,高空温度较低,且空气稀薄,流体摩擦较小,形状记忆合金冷却变形,雪佛龙开口最小,提高巡航效率。

　　VGC 由复合材料和形状记忆合金(SMA)构成,如图 6.3 所示。复合材料具有较高强度,是用作承载的基体材料,形状记忆合金主要用作致动器,产生驱动力,使得结构发生形变。在起飞时,结构处于高温,向右侧倾斜;在巡航时,结构处于相对低温,往左侧倾斜。复合材料作为主结构,粘贴智能材料,结构变形中性面靠近承载结构。在结构设计时,无论是形状记忆合金还是压电片,都要保证智能材料中面和整体结构变形中面有一定距离,利于产生弯曲变形。

　　(2) 发动机可变喷嘴

　　形状记忆合金在发动机喷管领域的应用研究始于一项智能航空和海洋推进系

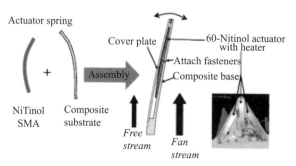

图 6.3　可变几何雪佛龙变形原理[1]

统演示（SAMPSON）计划。该计划由美国国防部高级研究计划局支持，并由NASA领导。NASA根据飞行条件提出了获取飞行效益的方案，对进气道几何形状进行优化和改进，并对智能材料结构变形能力技术进行了评估和论证。形状记忆合金变截面发动机喷管的研究从此正式登上了历史的舞台。

　　飞机在不同的马赫数及海拔高度等情况下，若喷射发动机喷嘴的面积可以改变，则能有效减少能耗。在巡航过程中减少喷嘴面积可以提高发动机效率，在起降过程中增大喷嘴面积可以减小发动机噪音。在不同的飞行阶段，可以通过改变形状记忆合金的长度，来驱动主体结构的变形，得到不同的发动机喷嘴面积，如图6.4所示。智能材料驱动通常不采用铰链等传统机械结构，因为旋转副会使结构变得很庞大，不再轻巧。发动机可变喷嘴通过开槽，降低局部刚度，形成柔性铰链。柔性铰链相对其他结构刚度较低，可以当作旋转副，在微小的范围内，可实现旋转运动。形状记忆合金可变喷嘴可以提供两种变形：一种是收缩形态，一种是张开形态，如图6.5所示，以实现高温和低温情况下的切换。一方面，形状记忆合金通过驱动力，产生变形；另一方面，柔性铰链提供收缩的空间，降低刚度，实现发动机可变喷嘴的变形。

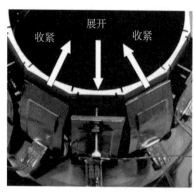

（a）变形局部放大

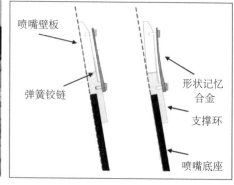

（b）变形原理

图 6.4　发动机可变喷嘴[2]

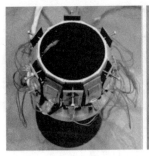 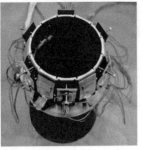

（a）收缩形态　　　　（b）张开形态

图 6.5　发动机可变喷嘴的两种状态[2]

6.1.2　基于形状记忆合金的可变形机翼结构

利用形状记忆合金驱动机翼变形是应用最早、形式较多的一种方案。韩国首尔国立大学的 Kim 等[3]结合形状记忆合金（SMA）和形状记忆聚合物（SMP）设计了一款可变形机翼，将 SMP 支架与 SMA 金属丝交错整合，成为可变形的复合致动器，结构如图 6.6 所示。增加电流使复合材料受热变形，利用 SMP 的形状记忆效应，在不增加电流的情况下，驱动器即可保持变形后的状态。测得复合材料致动器的最大变形角为 $102°$，保持角为 $70°$，如图 6.7 所示。该变形机翼的优点在于整合了 SMA 和 SMP，结合了两者优势，SMP 支架能够增大机翼后缘的变形量，并且降温之后 SMP 恢复刚性体状态，增大了后缘变形部位的刚性。

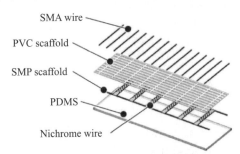

图 6.6　SMP 和 SMA 整合而成的机翼结构[3]

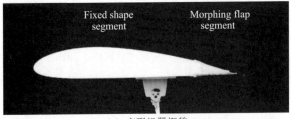

（a）变形机翼概貌

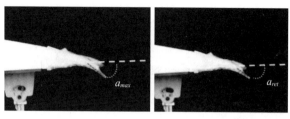

(b) 最大变形角   (c) 最大保持角

图 6.7 可变形机翼[3]

形状记忆合金还可以和玻纤材料复合使用,韩国首尔国立大学的 Han 等[4]采用形状记忆合金丝和玻璃纤维合成智能软复合材料,制备了滑翔翼无人机可变形翼片。如图 6.8 所示,在黄蜂 4/7 型无人机的两个翼尖安装变形小翼,针对不同直径大小、埋置数量、玻纤层数的 SMA 金属丝进行了研究。风洞试验结果表明,启动变形小翼后,当机翼迎角大于 5°时,升阻比增加了 5.8%。

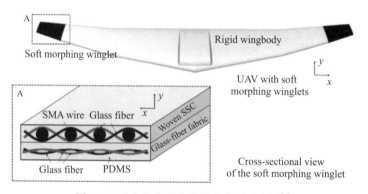

图 6.8 无人机变形小翼及横截面示意图[4]

SMA 虽然变形回复力大,但是成本较高,因此往往是以嵌入集成的方式驱动机翼变形。通过将 SMA 金属丝和其他材料复合使用,不但能增大变形量,还能提高变形机构的气动负载能力和变形之后的稳定性。形状记忆合金在可变机翼当中的应用形式较多,除了和其他材料的复合使用,由多个 SMA 金属丝协同驱动的变形机构具有在不同稳态中互相切换的能力,同样受到了很多科研人员的关注。

多 SMA 协同驱动不仅能实现可变形机翼的弯度变化,还能实现机翼的扭转变形。美国德克萨斯大学的 Saunders 等[5]设计了一种由 SMA 扭力管驱动扭转变形的变形机翼,扭力管如图 6.9 所示。机翼由 SMA 扭力管、被动扭矩管和复合蒙皮组成,如图 6.10 所示。优化该机翼后,翼尖处达到最大扭转量,同时保证了轻量化。结果表明,机翼在无气动载荷下可扭转 5°,在气动载荷下可扭转 6.5°。

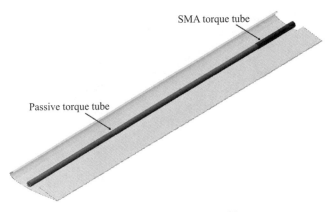

图 6.9 SMA 扭力管模型[5]

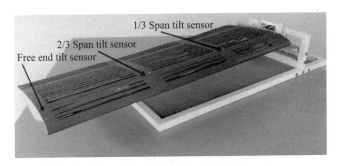

图 6.10 可变扭度机翼模型[5]

韩国首尔国立大学的 Rodrigue 等[6]也提出一种机翼扭转方案,不同的是扭转变形只发生在机翼中部。如图 6.11 所示,机翼被分为固定段、扭转变形段和旋转翼梢段三部分,SMA 金属丝交叉布设在变形段。图 6.12 是变形段的内部结构,红色 SMA 丝和蓝色 SMA 丝被分别布设在机翼的下表面和上表面。通过对两组 SMA 丝施加不同的电流激励,即可驱动中部变形段,产生扭转变形,而翼梢位置也会随之改变。试验数据显示:机翼翼梢能够实现最大 6.25°的扭转,机翼的气动性能得到显著提升。

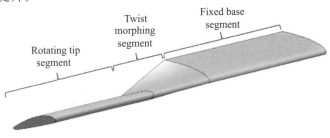

图 6.11 机翼变形全貌及各分段[6]

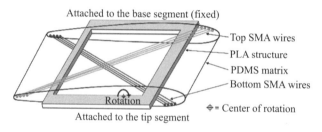

图 6.12　机翼变形段内部结构[6]

韩国蔚山大学的 Noh 等[7]设计了 SMA 金属丝和偏置弹簧结合驱动的可变形机翼,如图 6.13 所示。SMA 金属丝未加热时,机翼不变形;通电加热 SMA 金属丝,机翼变形。试验验证了变形翼型的设计思想,测量结果表明,襟翼偏转平稳、快速。

(a)　马氏体状态下的 SMA

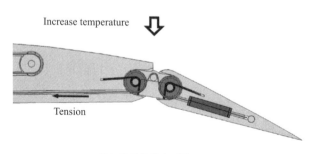

(b)　奥氏体状态下的 SMA

图 6.13　加热 SMA 带动机翼变形

瑞典的 Karagiannis 等[8]开发出能够根据飞行条件调整翼型的执行器。利用形状记忆合金致动器替代传统分体式襟翼机构,对机翼后缘襟翼弧度进行了驱动和变形。静载荷实验结果表明,SMA 驱动器能够在负载情况下正常工作,且得到满意的变形效果,机翼的变形机构如图 6.14 所示。

除了上述较为常见的 SMA 驱动形式能够驱动机翼的弯度变形和扭转变形,还有一些较为新颖的驱动结构同样可以达到很好的变形控制效果。

德国德累斯顿工业大学的 Ashir 等[9]利用“编织”技术将 SMA 嵌入纤维增强

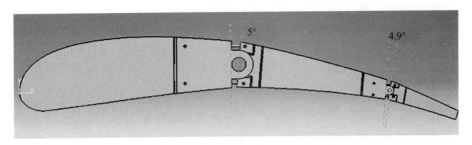

图 6.14　装配 SMA 金属丝的变形铰链机构

塑料结构中,设计了如图 6.15 所示的可变弯度机翼。试验数据表明:在电流为 1 A、激励时间为 60 s 时,变形翼的变形量最大,阻力特性较传统机翼有明显改善。

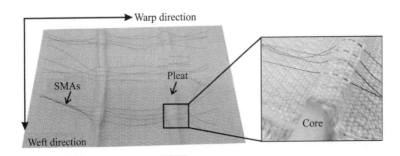

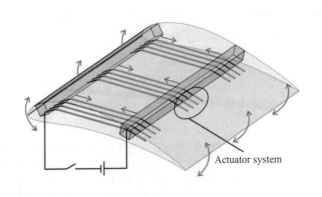

图 6.15　嵌入形状记忆合金的变弯度机翼

美国弗吉尼亚大学的 Elzey 等[10]模仿动物脊椎结构设计了一种 SMA 驱动的铰接多圆环变弯度机翼,如图 6.16 所示。对布设在圆环两侧的 SMA 施加不同的热激励,可驱动结构弯曲变形。该结构优点在于可以像脊椎一样自由灵活变形,缺点在于控制精度不高且铰链负载能力较低,因此不能被普遍使用。

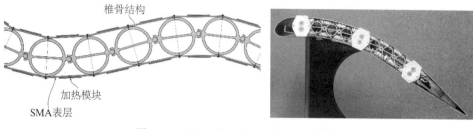

图 6.16 SMA 驱动铰接多圆环变形结构

形状记忆合金变形回复力大、负载能力强、成本较高,对于 SMA 的应用普遍都是将 SMA 金属丝嵌入相关变形机构作为致动器驱动。通过施加外部电流激励使 SMA 金属丝受热变形,从而带动整个机翼的变形。嵌入机翼不同部位或多致动器协同驱动可实现机翼弯度变形、扭转变形、后缘变形等。通过将 SMA 金属丝和其他材料复合使用,不但能增大变形量,还能提高变形机构的气动负载能力和变形之后的稳定性。

6.1.3 基于形状记忆聚合物的可变形机翼结构

除形状记忆合金,具有轻质、低廉、变形量大的形状记忆聚合物,在可变形机翼结构方面有着巨大的应用潜力。

美国 CRG 公司(Cornerstone Research Group,Inc.)提出利用形状记忆聚合物材料设计可变弦长的机翼结构[11],结构原理和样件如图 6.17 所示。错动结构便于机翼的伸展,其余部分均由 SMP 材料填充。填充材料受热激励后长度可伸长至 400%,如图 6.18(a)所示;折叠式机翼蒙皮受到热刺激后逐渐展开,最后完整覆盖机翼,如图 6.18(b)所示。该变形机翼的巧妙之处在于将聚合物填充至错动结构,节省了大量空间,又便于机翼展开和收缩,实现机翼的弦长可变。

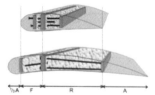

图 6.17 可变弦长机翼结构

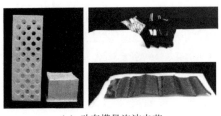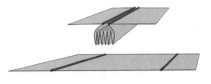

(a) 动态模量泡沫夹芯 　　　　　　　　(b) 波纹管蒙皮

图 6.18　形状记忆聚合物蒙皮结构

SMP 材料的填充使用是常见应用方式,另一较常见的应用是制作 SMP 蒙皮。美国洛克希德·马丁公司研制了用于折叠机翼的 SMP 无缝蒙皮[12],如图 6.19 所示。SMP 材料受热可在刚性聚合物和弹性体之间互相转换,使得蒙皮既可以在弹性体状态下折叠变形,又可以在刚性体状态下承受较大气动载荷,保证了机翼良好的气动性能。

图 6.19　形状记忆聚合物蒙皮方案

美国康奈尔大学的 Manzo 等[13]利用 SMP 材料设计了用于可变形机翼的主动关节结构,如图 6.20 所示。连接关节的接头采用形状记忆聚合物和合金复合而成,实现接头设计轻量化且变形效果好。施加热激励驱动接头在刚性体和弹性体之间转换,从而带动关节结构的变形运动。

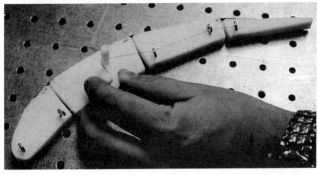

图 6.20　机翼变形驱动器

通过上述例子可以发现,SMP 材料和 SMA 材料复合驱动的最大优点在于增大了机翼形变量、形变回复力、结构负载能力,同时可以稳定形变后的状态。

国内对于形状记忆聚合物在可变机翼上的研究也较为深入,尤其是哈尔滨工业大学。Gong 等[14]将 SMP 材料填充至波纹结构凹陷处,制作成可变刚度蒙皮,如图 6.21 所示。施加热激励软化填充材料实现机翼蒙皮变形。实验结果表明,该变形蒙皮具有足够刚度,能承载小于 0.3 Ma 的气动载荷,同时具有较大的横向刚度变化,有助于在变化状态下提供结构的最大机械效率。

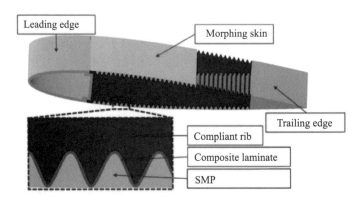

图 6.21　SMP 填充的可变刚度波纹结构蒙皮方案

哈尔滨工业大学的 Leng 等[15]提出一种基于 SMP 材料的可展开机翼变形结构,如图 6.22 所示。变形由机械结构驱动,但填充的 SMP 材料能够实现机翼的稳定和精确展开。此外,在机翼恢复过程中,SMP 材料有助于提升机翼表面的气动性能。实验结果表明,可展开变形机翼结构能够实现对展开速度的精确控制。有限元软件对机翼模型在空气载荷下的仿真也验证了结构的稳定性。

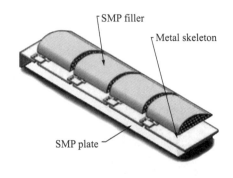

图 6.22　SMP 驱动的可展开变形机翼结构

除了 SMP 驱动的可变弯度和可展开变形机翼,Yu 等[16]基于 SMP 和泡沫填充结构设计了可展开机翼。如图 6.23 所示:起飞前将机翼卷曲在机身上,起飞时施加热激励将机翼展开;持续施加热激励,机翼在 19 s 可 100% 展开;此时撤去热刺激并降温,机翼即可定形。

(a) $t=0$ s   (b) $t=8.5$ s   (c) $t=19$ s

图 6.23　形状记忆聚合物展开蒙皮

中国科学院的 Ren 等[17]设计了由电活性聚合物(Electro Active Polymer,EAP)和 SMP 复合的驱动器,如图 6.24 所示。利用聚偏氟乙烯薄膜的温度变化来激励 SMP 薄膜,使其变为弹性体从而变形。实验证实,温度激励可以改变驱动器的位移,有限元仿真结果也与测量数据吻合良好。这种特殊设计的混合驱动器对未来变形飞机应用有着巨大前景。

图 6.24　施加不同温度时驱动器的变形过程

与形状记忆合金不同的是,形状记忆聚合物质量轻、成本低、变形量大、赋形容易且回复率高,因此对于 SMP 的应用普遍都是将其制作成机翼蒙皮或填充至变形驱动结构,通电施加外部的热激励使 SMP 材料由刚性体变为弹性体,带动机翼变形,降温之后再次恢复刚性体从而固定当前机翼形状。由 SMP 驱动的变形机翼可以实现机翼的伸缩变形和可展开变形。

6.2　智能结构应用于振动与噪声控制

振动是指物体在一定位置附近进行的周期性往复运动,容易导致疲劳损伤。一般来说,振动对结构是有害的,能引起结构因振动而破坏,缩短使用寿命,如图

6.25所示的飞机事故、桥梁坍塌等。对于振动控制,要求智能材料具有快速响应的能力。本节的案例绝大多数是利用压电的高频特性,实现对振动的抑制。形状记忆合金在振动控制中极少应用,因为振动本身频率较高,需要一定的实时性,产生变形的速度也较快,而形状记忆合金响应慢,加热和降温都是一个较为缓慢的过程,在振动控制中并不适用。

(a) 飞机事故　　　　　　　　　　(b) 桥梁坍塌

图 6.25　振动的不良影响

压电智能结构应用于减振降噪,是其重要应用方向之一。多样复杂的应用环境,日益柔性化和精密化的结构,使得结构的振动控制也变得更具挑战性。传统的控制技术已经难以处理日益繁复的结构振动问题。借助外部环境,改变被控结构的相关特性参数,是对结构进行振动控制的普遍方法,以此满足振动控制的需求。压电智能结构可以为结构提供主动振动控制方案,展现出多样化的适用性。当被控对象起振时,复合在被控对象上的压电材料可以检测到结构的形变,振动信号由作为传感器的压电片转化为电信号,通过实时的控制算法转换为控制信号输出,功率放大器将控制信号放大,传递至致动器上,电能转化成机械能,驱动压电片,实现对结构的振动抑制。

6.2.1　智能结构振动控制应用

对于机翼的主动变形控制和颤振控制大多是通过在机翼表面布设压电驱动器。压电材料作为一种能提供大驱动力的智能材料同样很适合应用在机翼可变形结构中。传统压电陶瓷材料脆性大、应变量小,应用受到很大限制。压电复合材料的应用更广泛,尤其是宏纤维复合压电材料(MFC)。

MFC驱动器也可以结合其他变形结构实现机翼形状控制和减振降噪。Kuder等[18]提出一种包含双稳态层合板和波纹结构的可变形机翼结构,如图 6.26 所示。双稳态单元的作用是提供高、低变形抵抗力下的两种稳定翼型。MFC 被布设在机翼表面作为驱动装置,用于双稳态之间相互切换,实现机翼后缘的弯度变化。

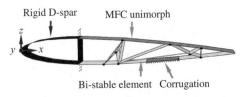

图 6.26 MFC 驱动双稳态变弯度机翼

瑞士苏黎世联邦理工学院的 Molinari 等[19]设计了基于复合压电材料和柔性蒙皮的可变形机翼,如图 6.27 所示。机翼前部是用于承载剪切、弯曲和扭转负载的翼盒结构,后缘可变形部分由波纹结构和柔性蒙皮组成。MFC 分布在柔性蒙皮上,用于驱动蒙皮变形。试验结果表明,该机翼在飞行状态下变形的同时可提升气动性能,并且能够起到减振降噪的效果。

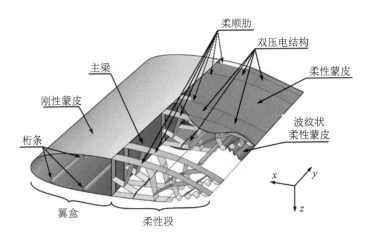

图 6.27 MFC 结合柔性结构的可变弯度机翼

法国图卢茨大学的 Jodin 等[20]对基于压电驱动器的可变形机翼作了变形量化研究。机翼结构如图 6.28 所示,前端翼盒结构承载负载,后端是可变形段。可变形段高频振动的影响较为重要。试验结果表明,基于压电驱动器的变形机翼在高频振动区域的气动性能相比传统机翼得到了较大的提升。这能够增加升力、减小阻力,起到减振降噪的效果。

单个驱动器只能驱动机翼的部分区域离散变形,若多个驱动器协同工作,则可以实现机翼的连续差动变形。美国密歇根大学的 Pankonien 等[21]设计出一种基于 MFC 驱动的后缘可变弯度机翼,如图 6.29 所示。多个表面粘贴有 MFC 驱动器的驱动模块被安装在机翼后缘,通过施加不同的电压激励可实现如图 6.30 所示的后缘弯度连续差动变化。相比于传统的离散式可变弯度机翼,连续差动变形有

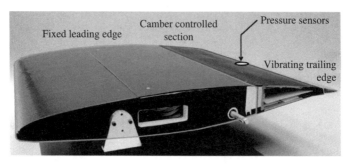

图 6.28　基于压电驱动器的变形机翼

图 6.29　可变形机翼及其单个 MFC 驱动模块

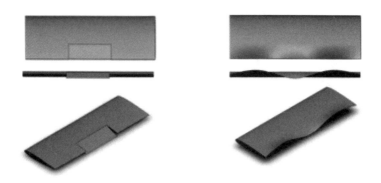

图 6.30　离散式变形和差动连续变形

助于降低飞行时机翼受到的空气阻力和机翼颤抖,提高了气动性能。

　　MFC 驱动器的优点之一是可以直接粘贴在目标机翼表面或嵌入机翼,通过外界施加电压激励,方便实现机翼的形状控制和颤振控制。目前有不少应用是直接将 MFC 驱动器粘贴在机翼表面进行控制。

　　美国佛罗里达大学的 LaCroix 等[22]通过粘贴 MFC 驱动片来提高飞行器气动性能。图 6.31 是无人机机翼的贴片方案,MFC 被整合在后掠翼中。当两个 MFC

驱动器的激活量相同时,可调整飞机俯仰角;当驱动器激活量不对称时,可调整飞机侧倾角。

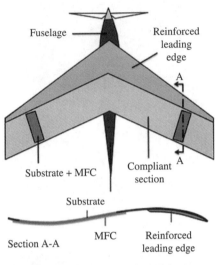

图 6.31　MFC 的后掠机翼布局

美国弗吉尼亚理工学院暨州立大学设计了基于 MFC 的机翼翼尖扭转变形微型飞行器[23],如图 6.32 所示。将 MFC 驱动片粘贴在机翼外表面,施加电压控制驱动器输出,从而改变飞行器翼尖形状,能够控制飞行器的升降,使得飞行器平稳飞行、减振降噪。

图 6.32　MFC 驱动的微型飞行器

美国弗吉尼亚理工学院暨州立大学的 Kochersberger 等[24]设计了一种嵌入式 MFC 水平尾翼,如图 6.33 所示。薄板尾翼的前缘和后缘分别嵌入了一块 MFC 驱动器,尾部柔性蒙皮能够满足变形时的最大挠度。另外在薄板机翼中嵌入 MFC 使机翼更加灵活,大大提高了飞机的侧滚控制能力。

对于垂直尾翼的颤振控制不仅有理论模型和实验室设备研究,也有在实体机

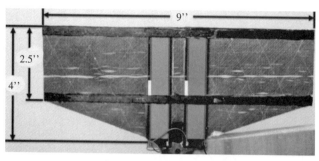

图 6.33 嵌入 MFC 的薄板尾翼及其变形

型上的试验。Chen 等[25]为主动抑制 F/A-18 战斗机垂直尾翼的颤振,设计了基于 MFC 驱动器的混合驱动系统,如图 6.34 所示。多个 MFC 驱动器被布设在机翼表面用于控制尾翼的扭振模式。F/A-18 战斗机的尾翼闭环试验验证了控制器的有效性。此外还进行了地面振动试验,结果表明,基于 MFC 的混合驱动系统能够有效减轻战斗机垂直尾翼的抖振载荷。

飞机发动机叶片的共振会导致叶片疲劳,极大降低气动性能,缩短工作寿命。NASA 研究中心的 Min 等[26]研究了叶片主动压电振动控制,如图 6.35 所示,建立了一种用于发动机叶片的多物理压电复合材料模型,并用实验数据进行了验证。试验和有限元分析结果表明,压电振动阻尼可以显著降低飞机发动机复合风机叶片的振动。

通过上述例子可以看到,国外对此研究较多,对于机翼的主动变形控制和颤振控制大多是通过在机翼表面布设 MFC 驱动器。MFC 压电纤维复合板响应速度快,可以高频激励机翼变形,位移行程大;外部施加电压激励就可以驱动,控制简单方便;可以非常便捷地布设或嵌入所需控制的机翼部位,操作方便。因此利用压电材料对机翼主动颤振控制比其他智能材料效果更好。

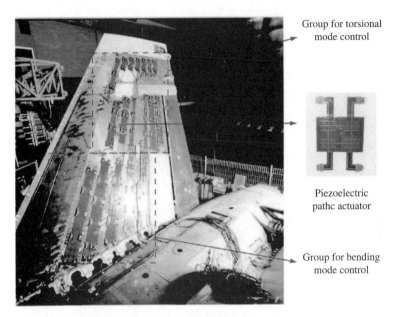

Group for torsional
mode control

Piezoelectric
pathc actuator

Group for bending
mode control

图 6.34 抖振载荷减缓系统

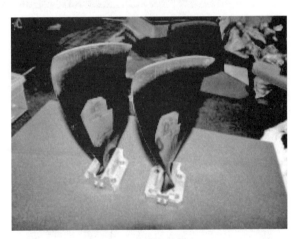

图 6.35 压电旋转叶片试样

6.2.2 智能结构噪声控制应用

噪声控制与振动控制十分类似。因为很多噪声是由结构的振动而产生,同时噪声也会导致结构的振动。本节主要讨论客机机舱噪声控制的应用案例。

德国航天中心(DLR)在 728 实体试验飞机上进行传感器优化,以降低舱体噪声。图 6.36 所示是 728 试验飞机和舱体内部传感器的布设情况[27],总共由 12 个致动器和 25 个传感器组成。实验确定了机身段的系统模型,建立了传感器优化模型,并与经验布置的传感器配置进行比较。实验结果表明,采用优化传感器位置的前馈控制器可降低 7 dB 的辐射声功率,而实际放置的传感器仅能达到 4.5 dB。此外,针对实际飞机结构和复杂声激励,提供了声功率降低性能和所需传感器数量优化方法的可能性。

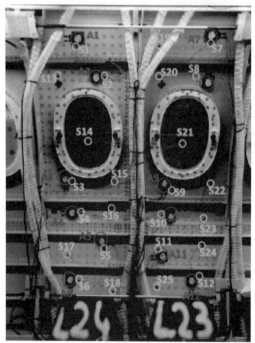

图 6.36　728 试验飞机及传感器布设[27]

6.3 能量收集

能量收集是指采用一定的方式将外部能量,如太阳能、热能、风能和动能,转化成电能并存储。能量收集一般是微型能量的收集,不同于大规模的发电系统。微型能量收集通常应用于小型无线自主设备,如可穿戴电子设备和无线传感器网络中使用的设备。

6.3.1 手表微能量收集装置

在过去几年里,一些公司推出了可穿戴热电产品。如图 6.37 所示的精工热控手表,使用 10 个热电模块,通过人体热量与环境温度微小热梯度产生电能[28]。该款手臂采用的热电发电机,面积为 0.5 cm^2,厚度为 1.6 mm。由密集的 Bi_2Te_3 热电堆阵列(在 0~100 ℃下最有效)沉积在薄膜上,可以在 3 V(6 V 开路)下产生 10 μA 的电流,而温度差仅需 5℃。因此,该热电转换装置在与皮肤接触时可以为低排放生物传感器电子设备供电。这些系统通常配有电池,可存储在较高温差期间产生的额外能量,可以在温暖、效率较低的环境温度下继续运行。

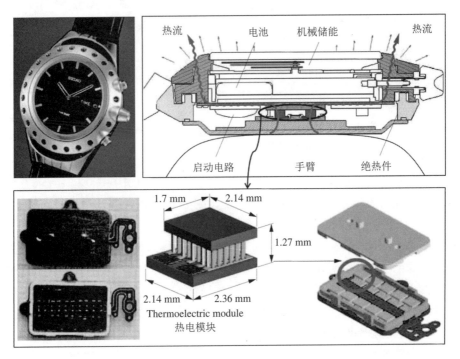

图 6.37 精工热控腕表[28]

6.3.2 能量收集的压电跑步鞋

图 6.38 展示了一款压电元件集成的具有能量收集功能的跑步运动鞋。美国麻省理工学院的乔·帕拉迪索(Joe Paradiso)团队于 1998 年制造了这双鞋[29-30]，并于 1999 年对其进行了精加工。该鞋垫脚跟处安装了 THUNDER 压电弯曲拱形结构，脚掌前部安装了 PVDF 压电薄膜。在行走过程中，身体重力通过脚跟传递到 THUNDER 压电结构，使其弯曲拱形变平产生电压；脚掌前部弯曲，使 PVDF 弯曲变形产生电压。在标准步行过程中，脚跟处的能量为 8.3 mW，脚趾处的能量为 1.3 mW。能量收集装置没有干扰步态，压电元件有效地隐藏在鞋子中。当穿着者走路时，每只鞋子可以产生足够的能量通过车载无线电将 12 位标识码发送到本地。然而，材料固有的特性限制了压电发电机的效率，采用更高电压运行的电容式发电机可以提高其性能。

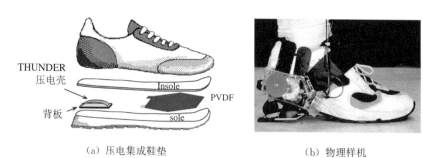

（a）压电集成鞋垫 　　　　　　　　　　（b）物理样机

图 6.38　跑步运动鞋用于能量收集[29]

6.3.3 背包能量收集装置

步行是人类能量消耗最多的日常活动方式。Kuo[31]描述了一种新的背包装置，通过振荡的簧上质量来提取能量。背包的设计概念如图 6.39(a)所示。有效载荷(要承载的质量)由弹簧支撑，当有效载荷上下移动时会产生电能。图 6.39(b)～(d)显示了双腿行走时，人体质心和背包负载质心的相互关系。在正常步行中，如图 6.39(b)所示，身体由单腿和双腿交替支撑。单腿支撑，相对来说是坚直的，质心像倒立摆一样移动。在双腿支撑过程中，重心沿连续的 U 形摆动轨迹移动。后腿做的是正功，前腿做的是负功，尽管消耗了代谢能量，但两者几乎相互抵消。如图 6.39(c)所示，背包的有效载荷固定在框架上，并在身体的质心上施加额外的力。单腿支撑仍然能够保持能量守恒，但是在双腿支撑期间还要做额外的正负功，这会消耗更多的能量。如图 6.39(d)所示，有效载荷与框架弹簧连接，实现载荷质心相对垂直运动。如果运动相控得当，则在双腿支撑过程中，作用在质心上的背包载荷可能会略小于图 6.39（c）中的载荷。在单腿支撑过程中,负载必须稍大一些,但是如果腿部相对竖直,则可以用很少的肌肉力量支撑额外的负载。

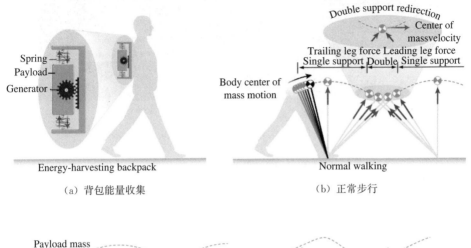

（a）背包能量收集　　　　　　　　　　（b）正常步行

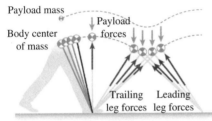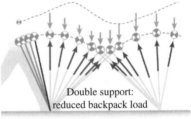

（c）固定载荷步行　　　　　　　　　　（d）摆动载荷步行

图 6.39　人类行走过程中通过背包收集能量[30]

另外一种能量收集背包,则是通过背包的包带拉紧力使压电结构产生电能。该装置通过机械放大机构将竖直方向的拉力转换成水平方向的压力,作用于压电堆叠传感器,压电材料在受压时产生电荷,如图 6.40 所示。需要指出的是,压电堆叠器无论用作传感器还是致动器,都需要使其在受压情况下使用,不能使其处于受拉状态。

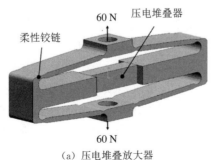

（a）压电堆叠放大器

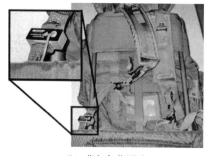

(b) 背包负荷测试   (c) 局部放大

图 6.40 从背包中收集能量[32]

6.4 结构健康监测

结构健康监测(Structural Health Monitoring，SHM)是一种实时监测技术，利用传感器检测结构在载荷作用下的变化，分析数据以实现结构的损伤评估。此项技术最初目的是进行结构的载荷监测，目前主要用于检测结构损伤或老化程度的现场无损检测。随着结构设计向大型化、复杂化和智能化发展，健康监测技术在提高可靠性、降低维护费用、预报灾害、提高结构综合经济效益等方面具有十分重要的作用。智能材料和结构的引入，使结构的健康监测技术突飞猛进，很大程度上满足了现代机电系统设备对状态监测和故障诊断的要求。

6.4.1 基于光纤传感的状态监测

为了监测结构在运行状态的实时变化，常用光纤传感器监测航空航天结构的在线状态。光纤传感的原理是通过分析经光纤传感器调制后的光信号特征(如光的强度、波长、频率、相位、偏振态等)的变化来获取被测参数(应变、温度、pH 值等)。光纤传感器具有灵敏度高、质量轻、尺寸小、抗电磁干扰能力强、耐腐蚀等优点。应用在航空航天结构健康监测领域的光纤传感器多为准分布式光纤传感器，与分布式传感器相比，增加了沿光纤长度分布的离散传感单元，主要监测传感单元位置点上的场参数值，且被测点分辨率大大提高，但损耗明显。

2014 年，大连理工大学与西安飞机强度设计研究所[7]共同开发了基于分布式光纤传感器的结构状态实时感知系统，并利用该系统实现了受载状态下复合材料翼梢小翼的应变场实时感知，其传感器安装形式及应变场感知结果如图 6.41 所示。如图 6.41(a)所示，翼梢小翼结构表面存在一些损伤，分布式光纤传感器被布置在结构表面，安装形式为表面粘贴；如图 6.41(b)所示，利用液压加载装置在翼梢小翼结构的背面施加均布载荷；如图 6.41(c)所示，应变分布形式对结构局部刚度的变化比较敏感,基于分布式光纤传感器的应变状态监测结果准确地反映了翼梢小翼结构的健康状况。

  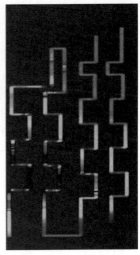

  (a) 翼梢小翼光纤布置   (b) 翼梢小翼受载   (c) 应变状态监测结果

图 6.41 复合材料翼梢小翼受载条件下状态感知[33]

6.4.2 基于超声导波的损伤监测

  超声导波监测是利用致动器在结构中激发超声导波,导波在结构中进行传播,由接收传感器对导波信号进行接收,再通过对接收到的信号进行处理分析得到结构的在线状态。

  大连理工大学与中航工业北京航空制造工程研究所应用该项技术进行了ARJ‑21 全尺寸复合材料尾翼静力加载健康监测试验,分析了复杂结构形式对超声导波传播特性的影响,提出了基于超声导波的复杂结构传感器网络布置方法、变温下复合材料结构健康监测方法以及局部多损伤诊断方法。损伤监测基本原理如图 6.42 所示,在结构上布设分布式传感网络,通过窄带信号激励驱动器产生导波,其余传感器则接收导波信号,通过监测各路径导波信号在损伤状态前后的变化,对监测区域的损伤情况作出评价。复合材料全尺寸尾翼结构静力加载损伤诊断试验设置及试验结果如图 6.43 所示。如图 6.43(a)所示,复合材料尾翼结构被装夹在试验架上,中央翼盒和翼面终端位置固定,在左右翼面上各分布着 7 个由液压泵驱动的加载点,传感器网络布置在翼面加强筋之间,以监测静力加载下的加强筋面损伤;如图 6.43(b)所示,在 120% 载荷条件下加强筋界面出现大量健康状态变化,上翼面的损伤情况比下翼面严重,与理论分析一致。

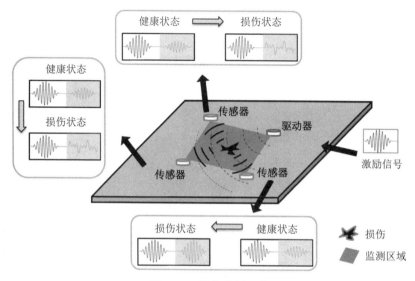

图 6.42　损伤监测基本原理

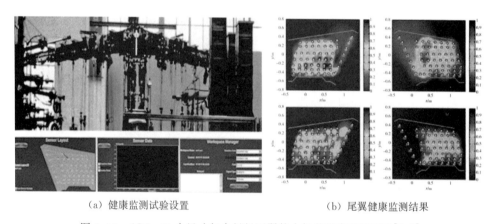

（a）健康监测试验设置　　　　　　（b）尾翼健康监测结果

图 6.43　ARJ‑21 全尺寸复合材料尾翼静力加载健康监测试验[33-34]

复合材料板如图 6.44(a)所示,通过 SMART 层在复合材料板(1 000 mm×
1 000 mm×7 mm)上布置了 25 个压电圆片传感器。圆片直径 6.25 mm,厚度
0.25 mm,每个压电传感器既可作为激励端,也可作为接收端。传感器布设如图
6.44 (b)所示。

相比利用体波进行检测的传统超声技术,超声导波可沿结构传播较长距离,同
时其声场通常覆盖结构的整个横断面,可实现在线的全局损伤监测。利用该技术,
美国斯坦福大学 Chang 教授开发了可集成压电、温度、湿度传感器的传感智能层
技术,形成一种轻质的可嵌入复合材料内部或黏结在结构表面的传感器网络智能

层,如图 6.45 所示,为安装带来方便。该分布式传感器可以安装到柔性结构上,且智能层除了易于安装到复杂结构上,还有减少电磁噪声、与基体连接可靠、可嵌入结构内部等优点。

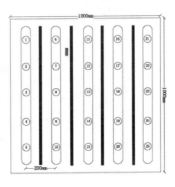

(a) 实物　　　　　　　　　　　(b) 传感器布局

图 6.44　加筋复合材料结构[34]

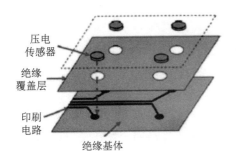

图 6.45　智能夹层结构[35]

　　监测结构的完整性是维护人员非常关心的问题,能够在减少成本的同时显著提高安全性和可靠性。无损监测技术(Nondestructive Testing,NDT)只能靠近待检区域执行,限制了其应用,并且此方法需要大量劳动力,导致寿命周期成本的增加。利用集成分布式传感器,通过对传感信号的精确读取和实时处理来监测健康状况,可大大减轻检查负担。基于压电致动器和传感器的内置网络智能层技术是一种可行且高效的方法,可在结构运行期间监测结构状态和损坏程度。若将压电陶瓷驱动和光纤传感相结合,可同时满足结构健康监测和振动抑制。

　　如图 6.46 所示,飞行器健康监测系统可用于对航天飞行器的快速无损评估和长期健康监测,该系统集成了传感器网络、信号处理器、数据读取软件,能实现对结构的实时监测、早期探测和长期跟踪,可以成为结构工程中一种商业上的选择,使结构更安全、更可靠、维护成本更低。

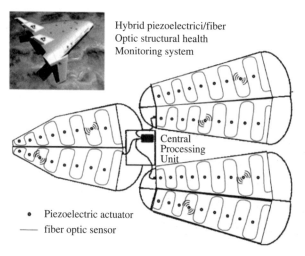

Hybrid piezoelectrici/fiber
Optic structural health
Monitoring system

Central
Processing
Unit

- Piezoelectric actuator
— fiber optic sensor

图 6.46　飞行器健康监测系统[36]

6.5　磁流变液的应用实例

磁流变液在磁场作用下，其黏稠度发生改变，可达到调节阻尼的功能。利用这一特性，磁流变液在制动器、阻尼器等方面有着广泛的应用。

6.5.1　磁流变液制动器

磁流变液制动器绝大多数是利用磁流变液体的剪切工作模式，其主要结构形式与传统制动器相同，分为鼓式磁流变液制动器和盘式磁流变液制动器。

（1）鼓式磁流变液制动器

鼓式磁流变液制动器的基本原理如图 6.47 所示。当正常运动时，旋转轴正常

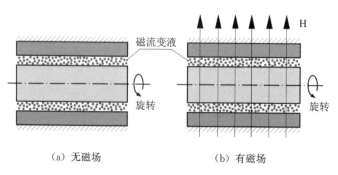

磁流变液

H

旋转

旋转

（a）无磁场　　　　　　　　（b）有磁场

图 6.47　鼓式磁流变液制动器工作原理[37]

旋转,此时磁流变液为牛顿流体,不会产生阻力阻止旋转轴转动,如图 6.47(a)所示。当需要制动时,加载一个垂直于旋转轴的磁场(实箭头)如图 6.47(b)所示,此时磁流变液中的 MR 粒子变成链状,增加磁流变液的黏度,甚至可变为固态,阻碍转轴的转动。这就是鼓式磁流变制动器的基本工作原理。

（2）盘式磁流变液制动器

盘式磁流变液制动器的原理如图 6.48 所示。点画线表示旋转轴,当不需要制动时,没有磁场施加在磁流变液体上。反之,加载磁场使磁流变液的黏度发生变化,磁流变液处于剪切模式,产生相反转矩,阻止旋转轴转动。

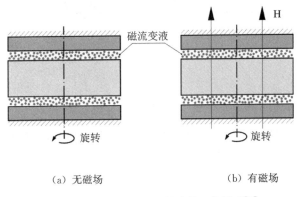

(a) 无磁场   (b) 有磁场

图 6.48　盘式磁流变液制动器工作原理[37]

以上便是两种最为基础的磁流变液制动器,其他不同类型的制动器都是在这两种制动器的基础上发展而来的。单盘式磁流变液制动器的长度对其性能没有很大的影响,而增加制动盘半径可以提高效率、反应速度和逆转矩大小。结果表明,为了提高逆转矩大小,盘式制动器适用于 0.40～0.72 的外径比。然而,对于单鼓式磁流变液制动器,长度和半径都会对其性能产生影响。给定半径,就可以确定流体间隙的最佳长度。鼓式制动器的形式比盘式制动器多。鼓式制动器适用于 0.21～1.96 的外径比。在最佳配置中,对于给定的体积,两个制动器均表现出同等的转矩。鼓式制动器比盘式制动器反应更快,但需要更大的磁场。

6.5.2　磁流变液阻尼器

图 6.49 为传统磁流变液阻尼器结构,在没有输入励磁线圈电流时,磁流变液是以流体的状态存在于阻尼器缸体的容腔内。一旦向励磁线圈输入电流,基于电磁感应原理,缠绕有励磁线圈的阻尼器活塞头和缸体内筒之间的有效阻尼间隙处就会产生感应磁场,有效阻尼间隙处的磁流变液在磁场的作用下由流体变为类固态,内部的磁性颗粒会沿着磁场方向链状排列,且随着磁场的加强,磁流变液的黏

度也增大。当磁场足够强时,磁流变液的剪切屈服力也将达到足够大,磁流变液阻尼器获得了一定的阻尼力。

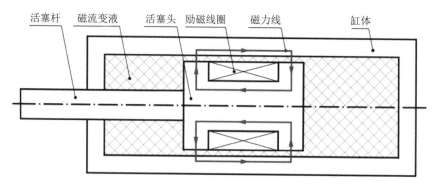

图 6.49　传统磁流变液阻尼器结构

6.5.3　磁流变液制动器与阻尼器的应用

磁流变液制动器的应用范围很广,可以应用在车辆工程、生物医学工程、机械工程等重要领域。

（1）混合励磁系统磁流变液制动器

文献[38]提到了混合励磁系统磁流变液制动器对电梯的制动,如图 6.50 所示,其中制动器的外径约为 250 mm。当电梯停止时,关断励磁线圈,其中的电流 $I = 0$ A,制动器工作,磁流变液产生反扭矩约为 120 N·m;当电梯运动时,励磁线圈产生的电流为 $I = 2.3$ A,制动器停止工作。相关原理为电流方向改变为相反方向,会导致反转矩增加,也就是 $I = 0$ A 的情况。

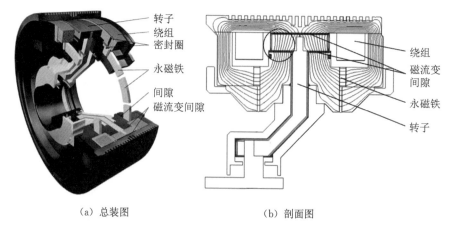

（a）总装图　　　　　　　　　　　（b）剖面图

图 6.50　混合励磁系统磁流变液制动器[38]

（2）磁流变液阻尼减震器的应用

在车载式磁流变液减震器件方面,应用最多的就是车辆悬架系统和座椅悬架系统。车辆悬架作为评价汽车性能的关键部件,发挥着缓冲和吸收路面不平导致的振动冲击、防止车身和车轮的不规则振动、改善车辆的驾驶舒适性和安全性的作用。座椅悬架安装于驾驶员座椅与车身之间,主要用于抵制外部颠簸传递到驾驶员,改善驾驶员的驾驶平稳性和安全性。2002 年美国 Lord 公司和 Delphi 公司将其研制的减震器 MagneRide™ 应用于 Cadillac 系列轿车的悬架控制系统,并将该悬架系统应用于 Audi S3、Ferrari F12 等高档轿车中,提高了车辆的减震性能,很好地改善了轿车的操控性和舒适性。图 6.51 为 MagneRide™ 减震器。

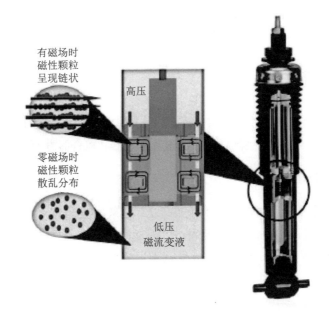

有磁场时
磁性颗粒
呈现链状

高压

零磁场时
磁性颗粒
散乱分布

低压
磁流变液

图 6.51　MagneRide™减震器

（3）桥用磁流变液阻尼器的应用

在桥梁与建筑方面,Lord 公司开发了一种三线圈式的磁流变液阻尼器,如图6.52 所示。该结构中,活塞头的绕线槽内串联着三个激励线圈,可以获得 20 吨的阻尼力,应用于建筑结构振动领域。2002 年,磁流变液阻尼器应用于岳阳洞庭湖大桥,成功地控制了拉索的风雨激振,这也是国际上磁流变液阻尼器对拉索振动控制的首次应用。此后,磁流变液阻尼器在斜拉桥拉索减振中得到了更广泛的应用。目前,世界最长的苏通大桥的拉索亦采用磁流变液减振技术,并进行了外风振动响应试验,其响应时间随着加载电流的增加而减少,并且响应时间可以减少 20％以上。

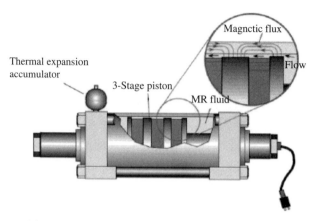

图 6.52　三线圈式的磁流变液阻尼器结构示意图[39]

6.6　电流变液的应用

与磁流变液类似,电流变液在电场作用下,其黏稠度会发生变化,从而具有调节阻尼的功能。同样利用这一特性,电流变液在阻尼器和离合器方面有着良好的应用。

6.6.1　电流变液阻尼器

电流变液阻尼器通过电流变液的黏度变化来实现阻尼器的无极调控。图6.53 为电流变液阻尼器的结构示意图。电流变液充满阻尼器的上部腔体,阻尼的大小输出可由电压大小来调控。电流变液阻尼器可以进行主动智能调控,并可通过调节阻尼来改变固有频率,以免发生共振。

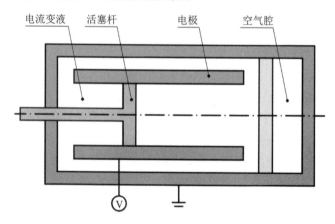

图 6.53　电流变液阻尼器[40]

6.6.2 电流变液离合器

电流变液离合器利用了电流变液体的黏度可变性,其结构如图 6.54 所示。在离合器内部充满了电流变液,在不加电场时,电流变液的黏度很低,因此圆盘与液体的摩擦很低,几乎没有扭矩的传输。当加载电压后,电流变液的黏度会迅速增大,主动圆盘就能够通过扭矩传输带动被动圆盘的转动。通过调节外加电场可以改变电流变液的黏度,并在一定的范围内连续调控,实现了转矩、转速的连续控制。

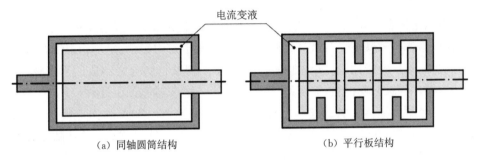

(a) 同轴圆筒结构　　　　　(b) 平行板结构

图 6.54　电流变液离合器[40]

6.6.3 电流变超精细研磨加工技术

随着超精密元件的快速发展,对加工精度和尺寸精度的要求越来越高。已有工艺已不能满足新的需要,利用电流变液制作新型的微细砂轮可以很好地满足超精密元件的精度要求。将微细磨料加入电流变液,当有外加电场时,这些微细磨料就会固定在纤维状链中,形成一个微型砂轮。

如图 6.55 所示,将刀具连接阴极,工件连接阳极,电流变液颗粒和微细磨料颗粒就会在电场方向排列。电力线越密集,颗粒聚集程度也就越高,所以在刀尖附近形成一个微型的砂轮,当刀具发生转动时,砂轮也随之转动,开始超精细研磨加工。

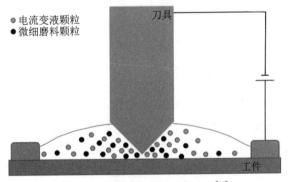

图 6.55　微型磨轮的工作原理[40]

在加工过程中,要维持由电流变液颗粒和微细磨料颗粒组成的纤维链结构不断裂,刀具的转速要严格控制在一定范围内,同时施加足够强的电场。电流变效应越强,微型砂轮的稳定性也就越好,该工艺的效率也就越高。

6.7 SMA 在医学中的应用

6.7.1 SMA 骨骼支架

镍钛记忆合金是一种在一定温度下具有形状记忆能力的合金,相较于传统骨科内固定材料,镍钛记忆合金凭借弹性强、不易形成应力集中、生物相容性好、抗疲劳等优势,被广泛应用于骨科,如图 6.56 所示。镍钛记忆合金制成的固定物有锁骨环抱器、聚髌器、髓内钉、肋骨环抱器及腕关节融合器等。在骨科应用中,Ti-Ni SMA 已经替代了传统的钢丝和钢板。研究发现,Ti-Ni SMA 的弹性模量与人体骨骼的弹性模量相近,可通过改变加工工艺,调节多孔 Ti-Ni SMA 的孔隙度,改变其弹性模量,制造出人造骨骼而植入人体。

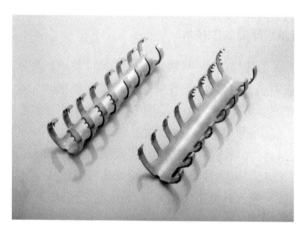

图 6.56　记忆合金骨骼器械

6.7.2 牙齿矫正丝

牙齿矫正丝是镍钛合金在医疗领域较为常见的一种应用,具有超弹性的镍钛合金丝是最适合作为矫正丝的,代替了传统不锈钢丝,如图 6.57 所示。与不锈钢丝相比,镍钛 SMA 丝残余变形小、力量柔和、回复力高、回弹性好,对牙齿的矫治效果佳,疗程短,对牙齿组织无副作用,患者无疼痛感。我国又研制出了在口腔温度下仍具有较强形状记忆的合金丝,称为"中国镍钛牙弓丝",被广泛应用于临床医

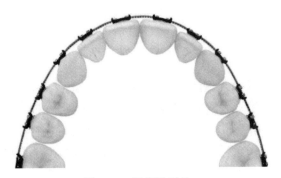

图 6.57 牙齿矫正丝

学,治疗效果好。

6.7.3 血管支架

形状记忆合金血管支架的应用也越来越广泛,对心血管堵塞以及狭窄具有良好的治疗效果,如图 6.58 所示。SMA 血管支架原理如下:将镍钛合金自行膨胀血管支架压缩变形后,放入装有生理盐水的容器内,使其保持马氏体状态,然后与容器一起植入血管内部,撤掉容器后,人体的体温足够使其发生马氏体逆相变,形状恢复到膨胀状态,将堵塞或者狭窄的血管撑开。因为镍钛合金具有良好的生物相容性,所以不会引起人体的炎症反应以及刺激症。

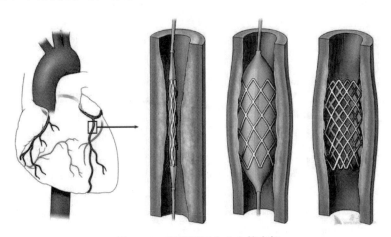

图 6.58 形状记忆合金血管支架

思考题

飞机发动机舱后缘的锯齿状结构(见图 A)在起飞时可减小噪音,但同时也会减小巡航时发动机的推力。为了解决这个矛盾,波音公司设计如下可变后缘结构(见图 B)。根据案例试分析:①该结构采用哪种智能材料?②在图 B 中,带方框的三种材料在结构中各自发挥何种功能?③该设计有多少种形状可以变化,并说明原因。

 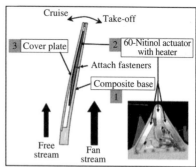

图 A   图 B

参考文献

[1] Mabe J H, Calkins F T, Butler G W. Boeing's variable geometry chevron, morphing aerospace structure for jet noise reduction [C]// 47AIAA/ASME/ASCE/AHS/ASC Structures Structural Dynamics and Materials, 2006.

[2] Mabe J H, Calkins F T, Alkislar M B. Variable area jet nozzle using shape memory alloy actuators in an antagonistic design [C]// Proceedings of SPIE, 2008: 69300T-1,

[3] Kim N G, Han M W, Iakovleva A, et al. Hybrid composite actuator with shape retention capability for morphing flap of unmanned aerial vehicle (UAV) [J]. Composite Structures, 2020, 243: 112227.

[4] Han M W, Rodrigue H, Kim H, et al. Shape memory alloy/glass fiber woven composite for soft morphing winglets of unmanned aerial vehicles [J]. Composite Structures, 2016, 140: 202-212.

[5] Saunders R, Hartl D, Herrington J, et al. Optimization of a composite morphing wing with shape memory alloy torsional actuators [C]// Proceeding of the ASME Conference on Smart Materials Adaptive Structures and Intelligent Systems, Newport, 2014.

[6] Rodrigue H, Cho S, Han M W, et al. Effect of twist morphing wing segment on aerodynamic performance of UAV [J]. Journal of Mechanical Science and Technology, 2016, 30(1): 229-236.

[7] Noh M R, Koo K N. Design of morphing airfoil using shape memory alloy actuator [J]. Journal of the

Korean Society for Aeronautical and Space Sciences, 2016, 44(7): 562—567.

[8] Karagiannis D, Stamatelos D, Stamatelos D, et al. Airfoil morphing based on SMA actuation technology [J]. Aircraft Engineering and Aerospace Technology, 2014, 86(4): 295—306.

[9] Ashir M, Hindahl J, Nocke A, et al. Development of an adaptive morphing wing based on fiber-reinforced plastics and shape memory alloys [J]. Journal of Industrial Textiles, 2020, 50(1): 114—129.

[10] Elzey D M, Sofia A, Wadley H. A bio-inspired high-authority actuator for shape morphing structures [C]// Proceedings of SPIE, Smart Structures and Materials, 2003, 5053: 92—101.

[11] Perkins D A, Reed J L, Haven J. Morphing wing structures for loitering air vehicles [C]// 45th AIAA/ASME/ASCE/AHS/ASC Structures, Structural Dynamics & Materials Conference, 2004.

[12] Bye D R, McClure P D. Design of a morphing vehicle [C]// 48th AIAA/ASME/ASCE/AHS/ASC Structures, Structural Dynamics & Materials Conference, 2007.

[13] Manzo J, Garcia E. Evolutionary flight and enabling smart actuator devices [C]// Proceedings of SPIE, Active and Passive Smart Structures and Integrated Systems, 2007, 6525: 65250L—1.

[14] Gong X, Liu L, Scarpa F, et al. Variable stiffness corrugated composite structure with shape memory polymer for morphing skin applications [J]. Smart Materials and Structures, 2017, 26(3): 035052.

[15] Leng J, Yu K, Sun J, et al. Deployable morphing structure based on shape memory polymer [J]. Aircraft Engineering and Aerospace Technology, 2015, 87(3): 218—223.

[16] Yu K, Yin W L, Sun S H, et al. Design and analysis of morphing wing based on SMP composite [C]// Proceeings of SPIE, Industrial and Commercial Applications of Smart Structures Technologies, 2009, 7290: 72900S.

[17] Ren K L, Bortolin R S, Zhang Q M. An investigation of a thermally steerable electroactive polymer/ shape memory polymer hybrid actuator [J]. Applied Physics Letters, 2016, 108(6): 062901.

[18] Kuder I K, Fasel U, Ermanni P, et al. Concurrent design of a morphing aerofoil with variable stiffness bi-stable laminates [J]. Smart Materials and Structures, 2016, 25(11): 115001.

[19] Molinari G, Quack M, Arrieta A F, et al. Design, realization and structural testing of a compliant adaptable wing [J]. Smart Materials and Structures, 2015, 24(10): 105027.

[20] Jodin G, Motta V, Scheller J, et al. Dynamics of a hybrid morphing wing with active open loop vibrating trailing edge by time-resolved PIV and force measures [J]. Journal of Fluids and Structures, 2017, 74: 263—290.

[21] Pankonien A, Inman D J. Experimental testing of spanwise morphing trailing edge concept [C]// Proceedings of SPIE, Active and Passive Smart Structures and Integrated Systems, 2013.

[22] LaCroix B, Ifju P. Quasi-static four-point bend testing of macro-fiber composite unimorphs [J]. Experimental Mechanics, 2014, 54(7): 1139—1149.

[23] Bilgen O, Kochersberger K, Diggs E C, et al. Morphing wing micro-air-vehicles via macro-fiber-composite actuators [C]// 48th AIAA/ ASME/ ASCE/ AHS/ ASC Structures, Structural Dynamics, and Materials Conference, 2007, 1: 1785.

[24] Kochersberger K B, Ohanian O J, Troy P, et al. Design and flight test of the generic micro-aerial vehicle (GenMAV) utilizing piezoelectric conformal flight control actuation [J]. Journal of Intelligent Material Systems and Structures, 2017, 28(19): 2793—2809.

[25] Chen Y, Viresh W, Zimcik D. Development and verification of real-time controllers for F/A-18 vertical

fin buffet load alleviation [C]// Proceedings of SPIE Smart Structures and Materials, 2006, 6173: 617310.

[26] Min J B, Duffy K P, Choi B B, et al. Numerical modeling methodology and experimental study for piezoelectric vibration damping control of rotating composite fan blades [J]. Computers and Structures, 2013, 128: 230—242.

[27] Haase T, Unruh O, Algermissen S, et al. Active control of counter-rotating open rotor interior noise in a Domier 728 experimental aircraft [J]. Journal of Sound and Vibration, 2016, 376: 18—32.

[28] Paradiso J A, Starner T. Energy scavenging for mobile and wireless electronics [J]. IEEE Pervasive Computing, 2005, 4(1): 18—27.

[29] Kymissis J, Kendall C, Paradiso J, et al. Parasitic power harvesting in shoes [C]// Presented in the Second International Symposium on Wearable Computers, 1998.

[30] Shenck N S, Paradiso J A. Energy scavenging with shoe-mounted piezoelectrics [J]. Micro IEEE, 2001, 21(3): 30—42.

[31] Kuo A D. Harvesting energy by improving the economy of human walking [J]. Science, 2005, 309 (5741): 1686—1687.

[32] Feenstra J, Granstrom J, Sodano H. Energy harvesting through a backpack employing a mechanically amplified piezoelectric stack [J]. Mechanical Systems and Signal Processing, 2008, 22(3): 721—734.

[33] 武湛君,渠晓溪,高东岳,等. 航空航天复合材料结构健康监测技术研究进展 [J]. 航空制造技术,2016 (15): 92—102.

[34] Gao D, Wang Y, Wu Z, et al. Design of a sensor network for structural health monitoring of a full-scale composite horizontal tail [J]. Smart Materials and Structures, 2014, 23(5): 55011.

[35] 杨正岩,张佳奇,高东岳,等. 航空航天智能材料与智能结构研究进展 [J]. 航空制造技术,2017,60 (17): 36—48.

[36] Qing X, Kumar A, Zhang C, et al. A hybrid piezoelectric/fiber optic diagnostic system for structural health monitoring [J]. Smart Materials and Structures, 2005, 14(3): S98—S103.

[37] Rossa C, Jaegy A, Lozada J, et al. Design considerations for magnetorheological brakes [J]. IEEE/ASME Transactions on Mechatronics, 2014, 19(5): 1699—1680.

[38] Jędryczka C, Szeląg W, Wojciechowski R M. FE analysis of magnetorheological brake with hybrid excitation [C]// 2013 International Symposium on Electrodynamic and Mechatronic Systems (SELM), 2013: 69—70.

[39] Yang G, Spencer B F Jr, Jung H, et al. Dynamic modeling of large-scale magnetorheological damper systems for civil engineering application [J]. Journal of Engineering Mechanics, 2004, 130(9): 1107—1114.

[40] 徐志超,伍军,张萌颖,等. 电流变液研究进展 [J]. 科学通报, 2017, 62(21): 2358—2371.